水利水电工程招投标机制研究

段文生　李鸿君　赵永涛　刘　嫱　著

U0343838

黄 河 水 利 出 版 社

·郑 州·

图书在版编目(CIP)数据

水利水电工程招投标机制研究/段文生等著. —郑州:黄河水利出版社,2017.11
ISBN 978 - 7 - 5509 - 1896 - 2

I. ①水… II. ①段… III. ①水利水电工程 – 招标 – 研究 – 中国②水利水电工程 – 投标 – 研究 – 中国 IV. ①TV512

中国版本图书馆 CIP 数据核字(2017)第 286243 号

出 版 社:黄河水利出版社
　　　　　地址:河南省郑州市顺河路黄委会综合楼 14 层　邮政编码:450003
发行单位:黄河水利出版社
　　　　　发行部电话:0371 – 66026940、66020550、66028024、66022620(传真)
　　　　　E-mail:hhslcbs@ 126. com
承印单位:河南瑞之光印刷股份有限公司
开本:787 mm × 1 092 mm　1/16
印张:10.25
字数:179 千字　　　　　　　　　　印数:1—1 000
版次:2017 年 11 月第 1 版　　　　　印次:2017 年 11 月第 1 次印刷

定价:38.00 元

序

　　招标投标对降低项目投资、保证公平竞争、提高交易效率、推动社会发展具有十分重要的作用，已被广泛运用在工程建设和技术服务领域。招标投标于1864年引入我国，开始发展较缓慢。党的十一届三中全会后，伴随着改革开放的不断深入而得到较快发展。

　　我国水电工程建设领域1984年引进招投标方式，经过试点、推广、规范发展，取得了良好的社会、经济效益，积累了丰富的经验，对建设管理制度的改革和完善起到了极大的推进作用。但是，在现阶段招投标过程中，还普遍存在招投标不科学、效率低、风险多、机制不完善等问题。

　　实践出真知。段文生等4位作者长期从事小浪底、南水北调、西霞院等水利水电工程的合同管理工作，积累了大量实践经验。在繁忙的工作之余，他们不断思考，持续总结，不辍研究，针对招标投标过程中存在的主要问题，利用最新的经济学分析方法，研究了招标投标的竞争规则、约束机制、风险调节机制，提出了独到的内生性招投标机制，为破解招标投标中的围标、串标等合谋现象提出了可行的解决方案和应对措施。他们的探索精神和创新意识值得肯定和鼓励。

　　本书实践性和理论性强，具有较高的学术价值，对改进招投标工作、完善招投标机制具有借鉴意义和参考价值，可供招标投标工作者和理论工作者参考。

水利部小浪底水利枢纽管理中心党委委员
黄河水利水电开发总公司总经理

2017 年 8 月

前　言

　　招投标是一种应用技术经济的评价方法和市场竞争机制的作用,有组织地择优成交的规范化交易方式。与西方国家相比,我国引入招投标制度的历史较短,有关配套制度和监督体制的研究起步较晚。因此,在我国招投标制度的实施过程中出现种种乱象,存在招投标竞争规则不科学、约束机制效率低、风险管理未重视、招投标机制待确立等多层次原因。大型水利水电工程除具备其他工程招投标的共性外,还因其体量大、工期长、风险因素多等特点,具有其个性特征。

　　国外研究招投标机制主要基于机制设计理论。国内招投标机制研究多是国外机制设计理论、拍卖理论和博弈论的具体运用,未能回答招投标机制的组成因素和相互作用。本书针对现阶段我国招投标实践中存在的主要问题及其原因,结合国内以法律和规章等外力推动的外生性招投标机制效率失灵的问题,利用博弈论和机制设计理论,结合作者多年来从事水利水电工程招标工作的实践经验,对内生性招投标机制开展深入系统的研究,以便利用招投标程序中内在因素的有机制约、控制、调整等作用,建立起内生性招投标机制,为在我国水利水电工程的招投标中引入内生性招投标机制提供科学依据和技术支持。本书的主要创新点如下:

　　(1)针对国内目前广泛采用的综合评估法存在的主要问题,本书建议从招标准备工作、报价评审标准、商务评审赋分比重、定性评审项目赋分标准、合同文件组成等方面对综合评估法进行改进。按本书建议改进后的综合评估法已在西霞院反调节水库工程招标中得到成功应用,验证了本书提出的综合评估法的改进建议的合理性和实用性。

　　(2)通过对招投标约束机制的研究,提出了招投标约束机制的概念和构成,建议利用内生性制度约束的参与约束和价格约束对经评审的最低投标价法进行改进,从而有效制约围标和串标等不法行为。按本书建议改进后的经评审的最低投标价法已在龙背湾水电站工程招标中得到成功应用,验证了本书提出的经评审的最低投标价法的改进建议的合理性和实用性。

　　(3)按照机制设计理论的参与约束和激励相容等概念和思路,利用制度理论等研究工具,提出了内生性招投标机制的概念,分析了内生性招投标机制的构成要素和功能,提出了在我国水利水电工程招投标中引入内生性招投标机制的建议。

　　本书在编写过程中参阅了大量文献资料,谨向其作者表示诚挚的感谢。

　　由于作者水平有限,本书内容难免有不妥之处,请广大读者批评指正。

作　者

2017 年 7 月

目　录

序 ··· 陈怡勇

前　言

第1章　绪　论 ··· （1）

　　1.1　课题背景 ··· （1）

　　1.2　招投标的有关概念及招标方式 ························· （4）

　　1.3　国内外招投标研究的历史与现状 ······················ （5）

　　1.4　我国水利水电工程招投标的实践和经验 ·············· （10）

　　1.5　国内招投标方面存在的问题及原因 ··················· （19）

　　1.6　本书的主要研究内容 ·································· （22）

第2章　招投标基本理论和方法 ································ （25）

　　2.1　效用理论 ·· （25）

　　2.2　经典博弈论 ··· （26）

　　2.3　演化博弈论 ··· （29）

　　2.4　机制设计理论 ··· （33）

　　2.5　本章小结 ··· （35）

第3章　招投标的竞争规则研究 ································ （36）

　　3.1　概　述 ··· （36）

　　3.2　经评审的最低投标价法 ································ （42）

　　3.3　综合评估法 ··· （49）

　　3.4　评标方法对合谋的影响 ································ （52）

　　3.5　综合评估法的改进建议 ································ （54）

　　3.6　应用举例 ··· （57）

　　3.7　本章小结 ··· （62）

第4章　招投标约束机制研究 ·································· （64）

　　4.1　概　述 ··· （64）

　　4.2　我国招投标的法律制度约束（外生性约束机制） ········ （66）

　　4.3　法律制度约束失效的原因分析 ························· （71）

　　4.4　经评审的最低投标价法合谋的种类 ··················· （73）

4.5 招投标约束研究 ……………………………………… (76)

4.6 应用案例 …………………………………………… (83)

4.7 本章小结 …………………………………………… (85)

第5章 招投标的风险调节机制研究 ………………………… (87)

5.1 概 述 ……………………………………………… (87)

5.2 风险态度对投标报价的影响 ……………………… (90)

5.3 招投标风险调节机制研究 ………………………… (94)

5.4 应用举例 …………………………………………… (101)

5.5 本章小结 …………………………………………… (102)

第6章 水利水电工程内生性招投标机制研究 …………… (104)

6.1 概 述 ……………………………………………… (104)

6.2 水利水电工程招投标机制的选择 ………………… (107)

6.3 内生性招投标机制研究 …………………………… (111)

6.4 内生性招投标机制的优势 ………………………… (117)

6.5 内生性招投标机制在水利水电工程招投标中的应用 … (120)

6.6 本章小结 …………………………………………… (125)

第7章 评标办法的演化博弈模型研究 …………………… (127)

7.1 制度研究的新方法 ………………………………… (127)

7.2 招投标机制变革的演化博弈分析 ………………… (129)

7.3 综合评估法与经评审的最低投标价法的演化博弈分析 …… (136)

7.4 评标方法的发展趋势 ……………………………… (140)

7.5 本章小结 …………………………………………… (144)

第8章 结论与展望 ………………………………………… (145)

8.1 主要研究结论 ……………………………………… (145)

8.2 展 望 ……………………………………………… (147)

参考文献 ……………………………………………………… (148)

第 1 章　绪　论

1.1　课题背景

1.1.1　招标投标的出现

在商业交易价格达成形式的变化过程中,逐渐萌发了招标投标的雏形。中国古代商品贸易中就有帮助买卖双方介绍交易、评定质量、价格居间的行业,汉代称驵侩,唐代称牙侩,宋代称牙行。公元 2 世纪末,古罗马出现了拍卖行,这是竞价采购的开端,也是招标投标的雏形;18 世纪中期,拍卖业在英国兴盛,1766 年克里斯蒂拍卖行成立,1774 年索士比拍卖行问世。

随着期货交易方式的产生,为了保证期货交易正常进行,需建立起一套管理制度。1782 年英国设立文具公用局(Stationery Office),特别负责政府部门所需办公用品采购,开始实行招标采购,成为近代政府采购制度的发端。1809 年美国通过了第一部要求密封投标的法律。1861 年美国通过《联邦政府采购法》,规定超过一定金额的联邦政府的采购,必须采用公开招标的方式。

随着土木工程技术和管理的发展,1913 年在英国成立了国际咨询工程师联合会(International Federation of Consulting Engineers)。其法文全称为 Fédération Internationale Des Ingénieurs Conseils,缩写为 FIDIC。第二次世界大战结束后,为了尽快重建欧洲,1957 年 FIDIC 发布了《土木工程施工合同条件》,在国际工程界简称为 FIDIC 合同条款。

1946 年美国在联合国经济社会委员会(ECOSOC)的首次会议上提交的《国际贸易组织的宪章(草案)》,首次将政府采购提上国际贸易的议事日程。1979 年世界经合发展组织(OECD)签订了第一个《政府采购协议》(GPA)。1994 年在马拉喀什签署新的《政府采购协议》,将政府采购范围扩大到服务合同。

因为招标投标具有组织性、公开性、公正性、竞争性和成本较低等优点,公开招标被大量应用在建筑工程中,成为工程承包的一种惯例。招标投标也很快被引进国内。法国驻沪领事馆工程 1864 年在中国上海招标;1880 年杨瑞泰营造厂通过投标获得了外滩江海关工程承包权,成为中国中标第一人;我国最早采用招标方式承包政府投资工程的是1902年张之洞创办的湖北制革厂;1918年汉阳铁厂的两项扩建工程在汉口《新闻报》刊登了公开招标广告。

1.1.2 新中国水利水电工程招投标制度的发展历程

中华人民共和国成立后,我国实行高度集中统一的计划经济体制,工程建设任务按照指令性计划统一安排,不存在招标投标交易方式。党的十一届三中全会之后,我国实行经济改革和对外开放,揭开了我国招投标发展历史的新篇章。我国水利水电工程建设领域最早引进和推广招投标方式。从鲁布革水电站开始,水利水电工程招投标一直走在全国的前列,取得了良好的社会、经济效益,对建设管理制度的改革和完善起到了极大的推进作用。我国水利水电招标投标发展进程可分为三个阶段。

1.1.2.1 试点阶段(1984年至1994年)

1980年7月,世界银行向我国承诺了第一笔软贷款,用于我国大学的实验室建设、师资培训和后续项目研究的采购,开始了招标投标在我国的引进、试行和推广。1980年10月国务院颁布《关于开展和保护社会主义竞争的暂行规定》,首次提出可以试行招标投标方式。1982年7月水利电力部在鲁布革水电站引水工程中首次使用国际招标投标,取得了良好效果,揭开了我国招标投标的新篇章。

1981年12月我国颁布了《中华人民共和国经济合同法》。1983年6月,城乡建设环境保护部印发《建筑安装工程招标投标试行办法》。1984年11月国家计委和城乡建设环境保护部联合印发《建设工程招标投标试行规定》。1991年3月国家工商行政管理局、建设部制定《建设工程施工合同示范文本(GF-91-0201)》。1991年11月建设部和国家工商行政管理局印发《建筑市场管理规定》。1992年12月建设部印发《工程建设施工招标投标管理办法》。

在此期间,国内的世界银行贷款水电站项目和少数内资水电项目试行国内招标,岩滩、漫湾、隔河岩、广蓄、莲花等"水电五朵金花"是本阶段的代表性工程。这一阶段招标投标的特点是:招投标方面规章开始起步,招标文件没有范本可循,主要是参考国际招标的做法,议标和邀请招标较多,招标都设有标底;招标投标暗箱操作,流于形式,得不到有效监督,缺乏公开公平竞争。

1.1.2.2 推广阶段(1995年至2000年)

1995年4月水利部颁布《水利工程建设项目施工招标投标管理规定》。

1997 年 8 月水利部、电力工业部和国家工商行政管理局制定《水利水电土建施工合同条件示范文本(GF - 97 - 0208)》。1999 年 3 月 15 日颁布《中华人民共和国合同法》。1999 年 12 月 24 日建设部、国家工商行政管理局联合颁布《建设工程施工合同范本(GF - 1999 - 0201)》。

《水利工程建设项目施工招标投标管理规定》极大地推动了水利水电工程招投标,至 2000 年底水利工程建设项目的施工招标投标率已达到 95% 以上。本阶段招投标的特点是:公开招标、邀请招标、议标并存,公开招标逐渐增多;评标中综合评估投标人的投标报价、工期、施工方案、工程进度与质量的保证措施、主要材料和机械等因素;招标设标底,作为评标的主要依据。

1.1.2.3　规范阶段(2000 年至今)

《中华人民共和国招标投标法》(简称《招标投标法》)自 2000 年开始实施,我国招投标进入了一个新的发展阶段。2000 年 2 月水利部、国家电力公司和国家工商行政管理局联合颁布了《水利水电工程施工合同和招标文件示范文本(GF - 2000 - 0208)》。2000 年至 2003 年,国家发展计划委员会先后印发《工程建设项目招标范围和规模标准规定》《评标委员会和评标方法暂行规定》《国家重大建设项目招标投标监督暂行办法》《工程建设项目施工招标投标办法》等规范性文件。2003 年至 2005 年,国家发展和改革委员会印发《工程建设项目勘察设计招标投标办法》《工程建设项目货物招标投标办法》等。

在总结《招标投标法》实施十二周年的经验和教训的基础上,2011 年 11 月国务院常务会议通过的《中华人民共和国招标投标法实施条例》(简称《招标投标法实施条例》)自 2012 年 2 月 1 日起开始施行,这是中国招投标发展史上新的里程碑,在推动招投标规则统一、规范我国的招投标市场、实现公平竞争、保护当事人合法权益、预防和惩治腐败等方面,具有重大的现实意义和深远的历史意义。

本阶段招投标的特点是:公开招标、邀请招标并存,以公开招标为主,不再包括议标方式;评标方法可采用综合评估法、综合最低评标价法、合理最低投标价法、综合评议法及两阶段评标法,以综合评估法为主;复合标底成为主要的评标标准;招标代理被普遍接受;招标投标的公平、公正、公开原则得到充分体现;招标投标中的诚实信用方面出现了一些问题。

1.2　招投标的有关概念及招标方式

1.2.1　招投标的有关概念

招标投标是国际上普遍运用的一种采购工程、货物和服务的方式。它具有组织性、公开性、公平性、公正性、一次性和规范性等特性。

按照徐赟、李相国的定义,招标是指按照公布的条件,为工程建设项目挑选承担科学试验研究或勘察、设计、施工等任务的实施单位所采取的一种方式;投标是指凡有合格资格和能力并愿按照招标者的意图、愿望和要求条件承担任务的施工企业(承包人),经过对市场的广泛调查,掌握各种信息后,结合企业自身能力,掌握好价格、工期和质量等关键因素,在指定的期限内填写标书、提出报价,向招标者致函,请求承担该项工程的方式。

招标和投标合称为招投标,是在市场经济条件下进行工程建设、货物买卖、财产出租、中介服务等经济活动的一种竞争性交易方式,是引入竞争机制订立合同(契约)的一种法律形式。

1.2.2　招标方式

议标是一种自营工程(Force Account)模式,只需与一家承建单位进行谈判。它的搜寻成本低、成交效率高,对于小型工程具有较大的优越性,但不适合大型工程使用。严格地说,议标只是一种采购形式和谈判方式,不属于招标范畴。

招标的方式按公开程度划分,分为公开招标和邀请招标;按招标的范围进行划分,分为国际招标(International Bidding)与国内招标(Local Bidding);按招标的阶段划分,分为一阶段招标和多阶段招标。这三类划分标准是互相交叉的。

邀请招标是指招标人以投标邀请函的方式邀请特定的法人或者其他组织投标,接到投标邀请函的法人或者其他组织参加投标的一种招标方式,其他潜在的投标人则被排除在投标竞争之外。因此,邀请招标也被称为有限竞争性招标。一般情况下,技术要求较高、专业性较强、合同金额较小、工期要求较为紧迫的招标项目可以考虑采用邀请招标。由于《招标投标法》规定,邀请招标只能在特殊情况下经批准后才能采用,因此本书主要分析竞争性的公开招标方式。

公开招标是指招标人以招标公告的方式邀请不特定的法人或者其他组织投标。它是一种由招标人按照法定程序,在公开出版物上发布或者以其他公开方式发布招标公告,所有符合条件的施工企业都可以平等地参加投标竞争,从中择优选择中标者的招标方式。美国的法学专家斯特门德(Strand Mende)将公开招标的优点归纳为以下三点:第一,在涉及使用公共基金时,政府代理机构必然对所有与公共基金有直接或间接捐款关系的潜在投标人提供均等的机会;第二,竞争的结果有利于最经济地利用公共基金;第三,公开竞争性招标的方法可以起到防止浪费、贪污和偏袒的保证作用。公开招标也存在一些缺点:一是以书面材料而不是实际情况决定中标人;二是招标成本较高;三是招标周期较长。自 18 世纪开始,美国规定进行竞争性的密封招标,随着招投标实践和理论研究的深入,产生了多种密封招标模式。

1.3　国内外招投标研究的历史与现状

1.3.1　国外招标投标方面的研究

艾姆布朗(Emblen)1944 年的博士学位论文最早系统地研究了招标投标问题。最早公开发表招投标研究成果的是 1956 年费尔德曼(Firedman)在《运筹学》(Operation Research)上发表的竞标研究成果,他 1957 年完成的博士学位论文也研究了竞标问题。之后,许多学者进行了大量研究并发表大量研究论文。其中,被广泛认可的著名理论方法是 Firedman 模型和 Gates 模型。

Firedman 模型是有关竞标的最重要的理论之一,它研究的密封投标问题是指政府机构邀请同行业内的大量公司投标争取合同,各公司独立报出唯一报价,最低报价的公司赢得合同。该模型的五个重要假设是:①投标者的目标是期望利润最大;②提供充分的关于竞争者以前报价的信息;③竞争者继续像过去那样报价且不管其他竞争者的任何变化;④竞争者根据具有不变参数的投标模式随机报价;⑤所有竞争者对任何合同的报价是统计独立的。Firedman模型对竞争者个数、获胜概率和期望利润进行了研究和分析,得出了一些重要结论。Gates 模型改进了 Firedman 模型,研究了知道所有投标者的策略和仅知道投标者个数的策略,还研究了孤立策略、两个投标者策略、多个投标者策略、最小差距策略和非平衡策略等五种不同竞标环境下的投标策略。后人在他们的基础上进行了大量研究,主要集中在以下几个方面。

1.3.1.1　机制设计理论

　　机制设计理论是由赫维茨(Leonid Hurwicz)开创并由马斯金(Eric S. Maskin)、梅尔森(Roger B. Myerson)进一步加以提炼与应用的全新理论,他们为此获得了2007年诺贝尔经济学奖。机制设计理论如今已成为主流经济学的重要组成部分。

　　赫维茨是第一个考虑机制设计问题的人,他把机制定义为一种信息系统,参与者相互之间或向信息中心传递信息。马沙克(Marshak)和日德勒(Radner)的团队理论对机制设计理论做出了重要贡献。赫维茨1972年引入激励相容的关键概念,机制设计理论才获得了广泛应用。激励相容将激励与拥有私人信息参与者的自利结合起来进行严谨分析。随后,戈巴德(Gibbard)的显示原理和马斯金(E. Maskin)的执行理论对机制设计理论的发展起到了关键作用。梅尔森(R. Myerson)发展了显示原理,并开创性地将之应用于规制和拍卖理论等领域。拉方特(Laffont)和马特(Martimort)发展了一种使合谋(Collusion)融入一般性机制设计的分析框架。车(Che)、金(Kim)和巴甫洛夫(Pavlov)的研究表明,在某些拍卖情形下,次优的结果能够以防合谋的方式得到执行。

1.3.1.2　拍卖与招投标研究

　　招投标的研究是在拍卖机制研究的基础上进行的。威廉·维克里(William Vickrey)根据治理交易的制度规则把拍卖分为四类:英式拍卖(增价拍卖)、荷兰式拍卖(减价拍卖)、第一价格拍卖(最高价竞得)和第二价格拍卖(最高价者以第二高价竞得),并建立独立私有价值模型(IPVM)证明了"收入等价性原则"。

　　第一价格密封拍卖机制是一种单阶段招标机制,投标方只有一次报价机会,是一个静态博弈过程,出价最低的投标方获得最后胜利。在这个机制中,信息是不完全的,各投标方不知道其他投标方的信息和采取的行动,招标方不知道投标方对招标的估价。在这种机制下,让更多的投标方参与竞争是招标方的利益所在。翰瑟曼(Hanssman)和瑞特(Rivet)研究了第一价格密封拍卖(一级价格密封招标)问题,其模型假设知道有多少个竞争者准备投标,但不知道竞争者是谁,并假设最高报价者将获得标的。

　　为了解决在信息不对称的情况下如何达到与竞争性市场相一致的帕累托最优(Pareto Optimality)效果,维克里引入了著名的"第二价格拍卖"。在第二价格密封拍卖(二级价格密封招标)中,每个投标者提交密封的交易价格,出价最高者赢得商品,但以所有出价中的第二高价进行交易。维克里指出,如果执行这种程序,每个投标者的最优战略就是使出价等于他自己对这件商品的完全估价,此时诚实是最好的竞拍策略。因为在第二价格密封拍卖中,当一个投标人获胜时,他最后支付的成交价格独立于其出价,所以在没有串标的情况下,每个投标者的最优战略就是依照自己对拍卖商品的估价据实竞标。当低于这个价格时,将减小投标者赢得商品的概率;而高于此价格,虽可提高赢的概率,但获得了一场无利润的交易,因为他必须支付的价格可能高于其对商品的估价。

沃尔夫斯戴特(Wolfstetter)研究了三级以及更高级别的价格密封拍卖中投标人的均衡投标函数。托曼(Tauman)研究了完全信息下 k 级价格密封拍卖的特点。

一级价格密封招标机制和二级价格密封招标机制等都是单阶段的招标机制,投标方只有一次参与的机会。而多阶段机制信息交流更加充分,将会有更大的效率并给招标方带来更大的收益。瑞查特(Ortega-Reichert)分析了具有两个相同标的物的招标过程,研究了两人、两阶段的第一价格密封招投标模型。奥恩(Oren)和罗斯科普夫(Rothkopf)对具有多个标的物的招投标进行了研究,认为投标者顺序投递不同的标书与同时递交这些标书将会给招标、投标双方带来不同的期望收益或效用。罗斯科普夫、道尔特和罗斯对多阶段、多标的物的顺序投标和同时密封投标机制进行了对比分析,给出了投标方选择顺序投标机制还是密封投标机制的条件。

李(Lee)认为,投标方以一定的概率随机地获取信息,并且不知道竞争对手是否也获取相同信息。

理查德(Richard Engelbrecht-Wiggans)1988 年提出了一个多阶段招投标模型,允许投标方在不同阶段通过支付招标方一定费用以获取不同的信息。这样在信息不对称的情况下,投标方会根据自己的情况决定是否进一步获取信息。

罗宾逊(Robinson)、格雷汉姆(Graham)和马歇尔(Marshall)等开了拍卖合谋理论研究的先河,引发了后来学者研究的热潮,他们认为第二价格密封拍卖比第一价格密封拍卖更容易出现合谋。因为在第二价格密封拍卖中,竞标团伙(Bidding Rings)除了阻止最高估价的竞标者外,还必须制止所有其他成员的竞价。巴甫洛夫(Pavlov)、车(Che)和金(Kim)等提出了最优防合谋拍卖方式。

近几年,国外学者专注于研究多属性拍卖。在投标中,除了考虑价格之外,还需考虑质量、交割期、合同期、售后服务、担保期、信誉度等其他属性。大卫(David E)和北仑(Beil)将这种拍卖方式称为多属性拍卖(multi-attribute auction);车(Che Y)和布朗克(Branco)将这一类拍卖称为多维拍卖(multidimensional auction)。贝罗斯塔(Bellosta F)和迪斯美特(De Smet Y)称这样的拍卖为多准则拍卖(multi-criteria auction)。相对于单属性拍卖,采购者更偏好多属性拍卖。多属性拍卖的研究成果已应用于网上拍卖。

1.3.1.3 制度实施机制的研究

科斯在其新制度经济学的研究中特别强调了实施机制的重要性,认为制度不仅包括正式的规则以及非正式的约束,还应包括这些规则的实施机制。

诺斯认为制度是人们发明设计的对人们相互交往的约束,它由正式的规则、非正式的约束(风俗习惯)和它们的实施机制所构成。学术界判定一个国家的制度是否有效,除了看这个国家的正式规则是否完善外,还要看这个国家制度的实施机制是否健全。

制度的实施是指制度在社会生活中被人们实际执行。制度是一种行为规范,其在被制定之后和实施之前,只是一种理论上的法律,处在"应然状态"。制度的实施就是"使制度从理论上的制度变成行动中的制度,使它从抽象的行为模式变成人们的具体行为,从应然状态进行到实然状态"。一般而言,制度的实施包括制度的制定、遵守、执行、适用和监督等方面。

1.3.2 国内招标投标研究的现状

武汉大学余杭教授开了我国研究招标投标问题的先河,1984年他和樊民合编了国内第一部关于招投标的书籍《社会主义的招标和投标》。20世纪90年代我国有关招投标的文章和书籍多以介绍性为主,深入研究不够。《招标投标法》颁布后,有关招标投标的研究逐渐深入,主要侧重在招投标政策和法律适用、投标的策略和决策方法等方面。

1.3.2.1 招投标政策及法律适用的研究

陈川生认为,我国的《招标投标法》是民商法领域中的一部特别法,也是一部程序性很强的部门法。它既涉及私法范畴,也涉及公法范畴,具有两重法律关系。

宋宗宇认为,建设工程招标的法律性质是要约邀请,招标不同于一般的要约邀请之处在于招标具有一定的法律约束力,但这又不同于要约的法律约束力。投标的法律性质是投标人向招标人发出的要约,招标人的中标通知书是对投标人要约的承诺。

冯毅认为,招标投标过程中的串通投标、未履行通知义务、违反随附义务、拒绝签订合同等行为应按照《合同法》承担缔约过失责任。

1.3.2.2　招投标机制的研究

赵青松在国内最早进行了招投标机制研究,运用博弈论和信息经济学分析了竞标机制、合同签订和中介机构激励。

秦旋和何伯森分析了招投标机制的本质,提出招投标机制的本质是信息不对称下的资源配置机制,需满足激励相容和个人理性的约束条件。

梁世亮对我国招投标机制进行了探究,分析了招投标机制在降低交易成本、规范竞争行为和准确传导价格信息等方面的功能。

罗伟和王孟钧运用机制设计理论对中国建筑市场存在的市场机制问题、交易机制问题、委托代理问题和信用机制问题进行了分析。

刘建兵和任宏在分析了工程项目招投标中的委托代理关系后,提出建立建设项目价格激励机制和约束机制设计。

1.3.2.3　投标策略及决策方法的研究

徐雯、杨和礼运用博弈论研究了在投标报价水平不变的情况下,如何使用"不平衡报价"策略提高中标率并确保收益水平的方法。

潘迎春通过对工程量清单模式下施工企业投标报价的现状及问题的分析,提出了施工企业的投标管理机制及投标报价的策略。

汪刚毅分析了决策树模型在投标项目选择中的应用,以及运用灰色－马尔柯夫模型对投标报价进行准确预测来提高中标的可能性。

郑亦、郑志贵和房林贤对合理低价中标法在工程中的意义进行阐述,提出其在运用中出现的问题,并提出一些应对措施。

胡平针对工程项目无标底招标中广泛采用的综合评估法,从虚拟投标人的角度出发,引入投标人风险态度因子,建立投标报价策略模型。

郭清娥和王雪青借鉴 DEA(数据包络分析)交叉评价的思想,将模糊综合评价中专家的评价结果用交叉评价方法进行处理,建立了一种将 DEA 交叉评价和模糊理论相结合的工程项目投标决策方法。

王博、顿新春和李智勇基于《水利水电工程标准施工招标文件》(2009 年版)合同通用条款,结合我国当前水利工程建筑市场的竞争情况,构建了基于 BP 神经网络的水利工程投标决策模型,并将其应用于工程实践中。

1.4 我国水利水电工程招投标的实践和经验

1.4.1 水利水电工程国际招标

我国的招投标起源于鲁布革水电站引水系统的国际招标。20 世纪 80 ~ 90 年代,正值改革开放之初,我国电力需求旺盛,但国家建设资金不足,世界银行的贷款成了大型水电站项目的重要资金来源。按照《世界银行贷款项目采购指南》的要求,贷款项目必须进行国际招标。由此,我国出现了一批国际招标的大型水利水电工程,对加快水电建设发展,特别是对资源优化利用发挥了重要作用。由此出现了招投标在建设领域的广泛推行。

至今世界银行贷款建设的水电项目已达 8 个,总装机容量为 1 156 kW,贷款金额为 33.21 亿美元。其中 5 个项目采用国际招标方式选择施工承包商,详见表 1-1。

表 1-1 我国大型水利水电工程国际招标情况

项目名称	贷款金额	招标时间	开工时间	竣工时间	说明
鲁布革水电站	14.1 亿美元	1982 年 7 月	1984 年 11 月	1992 年 12 月	
水口水电站	2.4 亿美元	1986 年	1987 年 3 月	1996 年 12 月	
二滩水电站	9.4 亿美元	1989 年 4 月	1991 年 1 月	2000 年 1 月	
天荒坪抽水蓄能电站	3.0 亿美元	1994 年	1994 年 3 月	2000 年 12 月	国际邀请招标
小浪底水利枢纽工程	11.0 亿美元	1993 年 3 月	1994 年 9 月	2001 年 12 月	

1.4.1.1 国际公开招标的程序

世界各国和有关国际组织的招标习惯不同。世界银行的招标采购规定最具有代表性。根据贷款项目的不同,世界银行选择使用国际竞争性招标、国际有限招标、国内竞争性招标、直接采购等方式。世界银行贷款项目的国际竞争性招标必须执行《世界银行贷款项目采购指南》和《土木工程施工合同条件》(简称 FIDIC 合同条款)。FIDIC 合同条款已被国际咨询工程师联合会成员国以及世界银行、亚洲开发银行等广泛采用,形成了一整套国际惯例。

国际公开招标的招标文件严格按照 FIDIC 合同条款的要求和格式编制,一般分四卷。第一卷为投标邀请书、投标人须知和合同条款,其中投标人须知包括工程概况、招标文件组成、投标文件要求、开标时间、评标标准,合同条款选用 FIDIC 合同条款的标准格式等内容。第二卷为技术规范,一般套用通用的技术规范,并明确规定承包商的施工对象、材料、工艺和质量要求,施工顺序、施工方法,业主向承包商提供的各种设施和条件。第三卷为投标书格式和合同格式,包括投标书格式、投标保函格式及授权书格式,工程量清单,协议书格式、履约保函和预付款保函格式等。第四卷为图纸和资料。

FIDIC 合同条款推荐的招标程序主要分为资格预审、招标和评标 3 个阶段,共 12 个步骤,详见图 1-1。

1.4.1.2　小浪底水利枢纽工程国际公开招标的经验

小浪底水利枢纽工程位于河南省洛阳市以北黄河中游最后一段峡谷的出口处,上距三门峡水利枢纽 130 km,下距河南省郑州花园口 128 km。开发目标是以防洪、防凌、减淤为主,兼顾供水、灌溉和发电,蓄清排浑,除害兴利,综合利用,是治理开发黄河的关键性工程。小浪底水利枢纽工程由拦河主坝、泄洪排沙系统和引水发电系统组成。国家批复的小浪底水利枢纽工程概算总投资 347.24 亿元人民币,总工期 11 年。小浪底水利枢纽工程 1994 年 9 月主体工程正式开工,1997 年 10 月截流,2000 年初第一台机组投产发电,2001 年底主体工程全部完工,2009 年 4 月通过竣工验收。

按照 FIDIC 合同条款的规定,小浪底水利枢纽工程采用业主负责制、建设监理制、招标投标制和合同管理制。业主为黄河水利水电开发总公司,简称 YRWHDC,它行使 FIDIC 合同条款中业主的权利和义务。工程师(监理工程师或监理公司)为 1992 年 9 月成立的小浪底工程咨询有限公司,受业主委托进行小浪底水利枢纽工程三个土建国际标的合同管理。小浪底工程咨询有限公司实行总经理负责制,对三个土建国际标委派了工程师代表。

小浪底水利枢纽主体土建工程的招标评标严格按照世界银行要求及国际咨询工程师联合会推荐的招标评标程序进行。业主委托黄河水利委员会勘测规划设计研究院和加拿大国际工程管理公司(CIPM)于 1991 年 6 月开始在郑州编制小浪底水利枢纽主体土建工程招标文件。1992 年 2 月在世界银行《发展论坛》上刊登了招标公告,7 月 22 日在《人民日报》和《中国日报》上再次刊登招标公告,7 月 27 日起在北京发售资格预审文件,共有 13 个国家的 45 个公司购买了资格预审文件。截至 1992 年 10 月 31 日,9 个国家的 37 个公司递交了资格预审申请书,其中 9 个联营体(33 个公司)和 1 个单独公司通过资格预审。1993 年 3 月 8 日发售招标文件,3 月 8 日至 12 日组织标前会和考察现场。1993 年 8 月 31 日下午在北京举行开标仪式。

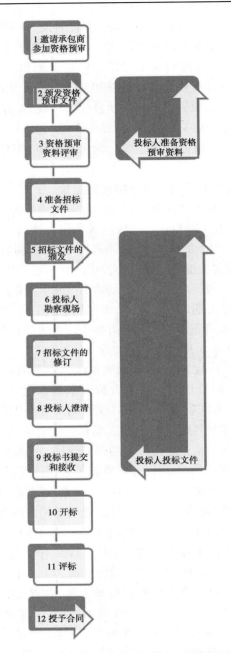

图 1-1　FIDIC 合同条款公开招标流程图

小浪底水利枢纽主体土建工程国际招标的评标工作从1993年9月开始，至1994年1月上旬结束，历时4个多月。评标分为初评、澄清和终评三个阶段。初评是全面评审各投标人的投标书，并提出短名单。1993年11月23日至30日业主与进入短名单的投标人在郑州举行了澄清会。澄清会内容包括商务和施工技术两个方面。根据澄清会的情况，评标工作组按世界银行贷款项目采购导则和招标文件的规定，对于个别非实质性的偏离条件考虑予以适当的接受，但对投标人提出的附加和保留条件以贴现方式进行了定量计算，折算为合适的定量修正值并计入评标价，向世界银行推荐了授标建议。业主于1994年5月28日与一标、三标承包商草签合同，6月28日与二标承包商草签合同。7月16日业主与三个中标承包商正式签订了合同。

在水利部和其他上级主管部门的正确领导下，通过历时两年的国际竞争性招标，10个联营体参加了小浪底水利枢纽工程的投标。因竞争激烈，各投标人的报价均在计算标价的基础上不同程度地降价。一标中标承包商的报价在计算标价的基础上降价13.8%。二标中标承包商的报价在计算标价的基础上降价6%。业主以较低的价格引进了合格的国际承包商。虽然在合同实施过程中遇到了导流洞塌方、赶工等不利因素，承包商提出了一些索赔要求，但由于合同双方坚持按合同解决有关分歧，小浪底水利枢纽主体工程合同执行的效果令人满意，取得了工期提前、概算节约的优异成绩。

经过鲁布革水电站、水口水电站、二滩水电站等国际招标和施工的经验与教训的积累，伴随着我国十余年改革开放政策的不断深入，小浪底水利枢纽工程国际招标和合同管理已走向成熟，为我国建设体制改革积累了宝贵的经验。小浪底水利枢纽工程国际招标的主要经验：一是认真评审施工规划报告，以国内设计院为主编制招标文件。为了明确招标文件涉及的关键技术问题，首先编制了《黄河小浪底水利枢纽施工规划设计报告》，包括施工条件、外资利用及分标方案、业主提供的条件、施工总进度等共10章，为小浪底水利枢纽工程国际招标顺利进行创造了良好条件。从1991年6月开始至1993年3月8日发售招标文件，黄河水利委员会勘测规划设计研究院和加拿大国际工程管理公司历时22个月，完成了小浪底水利枢纽工程国际招标的招标文件的编制工作。二是资格预审审查严格。小浪底水利枢纽工程资格预审内容包括公司经验、技术人员、施工设备和财务状况四个方面，资格预审文件中规定了每个部分的最低标准和达标后的详细评审标准。经严格评审，9个联营体（33个公司）和1个单独公司通过资格预审。三是小浪底水利枢纽工程国际招标的评标标准仍然采用了世界银行惯用的最低评标价法。四是引进了"工程师代表"的概念。受业主委托,专门成立的小浪底工程咨询有限公司履行三个标段的工程师(国内所说的"监理工程师"或"监理公司")的职责,并向每个标段委派了工程师代表,代表工程师进行各标段的日常合同管理。

1.4.1.3 国际招投标的科学性

从国内大型水利水电工程国际招投标的实践来看,相对于国内招投标,国际招投标更市场化、更严谨、更科学。国际竞争性招标以国际咨询工程师联合会出版的 FIDIC 合同条款为蓝本,结合工程的具体情况认真准备招标文件,严格执行招标程序。其科学性主要表现在以下几个方面:①FIDIC 合同条款建立在科学模型的研究之上;②合同成立建立在严格的国际商法基础上;③引入公正的第三方"工程师";④认真进行施工规划等招标策划和准备工作;⑤招标文件编制严密;⑥资格预审设置合适的门槛;⑦采用体现商业化精神的最低评标价法作为唯一的评标标准;⑧充足的评标时间是科学评标的保障;⑨通过评标澄清消除风险。

1.4.2 我国水利水电工程的国内公开招标

借鉴国际招标的成功经验,从 20 世纪 80 年代开始,我国大型水利水电工程施工国内招标逐渐铺开,现已成为法定的选择承包人的形式,详见表 1-2。

表 1-2 我国部分大型水利水电工程国内招标情况

项目名称	招标方式	招标时间	开工时间	竣工时间	说明
岩滩水电站	公开招标	1984 年 10 月	1985 年 3 月	1995 年 6 月	
漫湾水电站	公开招标、邀请招标	1985 年	1986 年 5 月	1995 年 6 月	
隔河岩水电站	公开招标	1986 年	1987 年 1 月	1995 年 1 月	
广州抽水蓄能电站	邀请招标	1989 年	1989 年 5 月	2000 年 3 月	
天生桥一级水电站	议标、邀标、公开招标	1991 年 3 月至 1993 年 4 月	1991 年 6 月	2000 年 12 月	综合评估法
飞来峡水利枢纽	议标	1994 年	1994 年 10 月	1999 年 10 月	
三峡水利枢纽	公开招标	2003 年至 2004 年	1994 年 12 月	2009 年 1 月	
大朝山水电站	公开招标	1995 年 2 月至 1997 年 4 月	1996 年 5 月	2003 年 8 月	
汾河二库	邀请招标和议标	1996 年	1996 年 11 月	2000 年 1 月	

续表 1-2

项目名称	招标方式	招标时间	开工时间	竣工时间	说明
白石水库	邀请招标	1996 年 3 月至 1997 年 1 月	1997 年 10 月	2000 年 9 月	有标底
棉花滩水电站	公开招标	1998 年	1998 年 4 月	2002 年 8 月	
洪家渡水电站	公开招标	2000 年 11 月	2000 年 11 月	2004 年 12 月	
恰甫其海水利枢纽	公开招标	2001 年	2001 年 3 月	2006 年 8 月	
尼尔基水利枢纽	公开招标	2001 年	2001 年 6 月	2005 年 12 月	综合评估法
龙滩水电站	公开招标	2001 年 4 月	2001 年 7 月	2010 年	无标底
百色水利枢纽	公开招标	1999 年 9 月	2001 年 10 月	2006 年 10 月	标底增加10% 至减少15%
水布垭水电站	公开招标	2002 年 4 月	2002 年 1 月	2011 年 4 月	
小湾水电站	公开招标	2001 年	2002 年 1 月	2010 年 12 月	综合评估法
三板溪水电站	公开招标	2002 年	2003 年 1 月	2009 年 7 月	
彭水水电站	邀请招标	2002 年	2003 年 3 月	2011 年 12 月	
光照水电站	邀请招标	2003 年	2003 年 5 月	2008 年	
戈兰滩水电站	邀请招标	2003 年	2003 年 12 月	2008 年 12 月	
向家坝水电站	邀请招标	2006 年	2004 年 3 月	2016 年	
溪洛渡水电站	公开招标	2006 年 12 月	2005 年 12 月	2015 年	综合评估法

1.4.2.1 国内公开招标的一般做法

《招标投标法》颁布之后,我国水利水电工程的招投标采用法律规定的招标程序。招标文件采用水利部在参照国家发展改革委等九部委 2007 年联合编制的《中华人民共和国标准施工招标文件》基础上编制的《水利水电工程标准施工招标文件》,它适用于列入国家和地方投资计划的大中型水电工程的施工招标和合同文件编制。

《水利水电工程标准施工招标文件》分 4 卷,共 8 章。第一卷包括招标公告(投标邀请书)、投标人须知、评标办法、合同条款、工程量清单等 5 章,其中,通用合同条款参照 FIDIC 合同条款的原则制定,内容包括一般约定、发包人义务、监理人、承包人、变更、价格调整、计量与支付、违约、索赔、争议的解决等,共 24 条。第二卷为图纸。第三卷为技术标准和要求。第四卷为投标文件格式。该招标文件推荐了"经评审的最低投标价法"和"综合评估法"。经评审的最低投标价法适用于具有通用技术、性能指标或者招标人对其技术、性能标准没有特殊要求的招标项目,提出了形式评审 5 条标准、资格评审 9 条标准、响应性评审 8 条标准、施工组织设计和项目管理机构评审 9 条标准和详细评审 2 条标准。综合评估法适用于招标人对其技术、性能标准有特殊要求的招标项目,提出了形式评审 5 条标准、资格评审 9 条标准、响应性评审 8 条标准、施工组织设计和项目管理机构评审 11 条标准。

1.4.2.2 南水北调中线工程国内公开招投标模式

南水北调工程是迄今为止世界上最大的水利工程,历经五十余年的规划设计、科学论证和反复比选,最终形成南水北调工程总体规划和东、中、西三条调水线路工程实施方案。南水北调中线工程从丹江口水库陶岔闸引水,自流到北京、天津。输水干渠全长 1 273 km,向天津输水干渠长 154 km,分两期实施。第一期年调水规模为 95 亿 m^3;主体工程量为土石方开挖 6.6 亿 m^3,土石方填筑 2.3 亿 m^3,混凝土 1 583 万 m^3;主体工程总投资 1 367 亿元。工程由水源区工程、干渠工程和穿黄工程组成。南水北调中线一期工程 2003 年开工建设。按照建设目标于 2013 年底主体工程完工,2014 年汛后全线通水。截至2013 年 2 月底,中线一期工程累计完成投资 1 725 亿元,占在建单元工程总投资的 90%。

国务院南水北调工程建设委员会是南水北调工程建设的高层决策机构。国务院南水北调工程建设委员会办公室是国务院南水北调工程建设委员会的办事机构。南水北调工程项目法人是工程建设和运营的责任主体,在建设期间对主体工程的质量、安全、进度、筹资和资金使用负总责。南水北调主体工程建设采用项目法人直接管理、代建制、委托制相结合的管理模式。实行代建制和委托制的,项目法人委托项目管理单位,对一个或若干单项工程的建设进行全过程或若干阶段的专业化管理。项目管理单位在单项工程建设管理中的职责范围、工作内容、权限等,由项目法人与项目管理单位在合同中约定。南水北调中线的项目法人为南水北调中线干线建设管理局。直接管理项目和代建制项目的招标人为南水北调中线干线工程建设管理局;河北段委托管理项目的招标人为南水北调中线干线工程石京段河北建设管理处和河北省南水北调工程建设委员会办公室;河南段委托管理项目的招标人为河南省南水北调中线干线工程建设管理局。

南水北调中线一期工程的招投标工作按照《招标投标法》、有关法规制度、国务院南水北调工程建设委员会办公室《关于进一步规范南水北调工程招标投标活动的意见》(国调办建管〔2005〕103 号)和国务院南水北调办公室《关于进一步规范南水北调工程施工招标标段划分的指导意见》(国调办建管〔2008〕113 号)进行。招标人委托相应的招标代理机构负责招标具体事务。

根据工程渠道线路长、建筑物多而散的特点,南水北调中线干线工程施工标段分为约 200 个标段。标段划分原则是:渠道工程(含小型建筑物)每标段 20 km 以上;大型建筑物标段含单侧连接渠道 2 km 以上。2005 年 3 月至 2006 年 2 月,分 12 批完成了京石段 50 个施工标段的招标;2005 年 7 月进行穿黄工程招标;2008 年 7 月至 10 月进行天津干渠施工招标;2009 年 3 月进行黄河以北河南段施工招标;2009 年 6 月至 2011 年 2 月进行黄河以南河南段施工招标。南水北调中线工程的招投标程序见图 1-2。

南水北调中线工程评标工作根据招标标段数量和复杂程度一般为 3 ~ 7 天。评标采用招标文件规定的综合评估法。报价 40 分,以复合标底 $C = kA + (1 - k)B$ 为评标基准价,其中 A 为招标人委托编制的标底,B 为投标报价介于 $1.05A$ 和 $0.92A$ 之间的算术平均值,权重 k 值由第三个被开标的投标人在 $(0.4, 0.45, 0.5, 0.55, 0.6)$ 中随机抽取。报价合理性 10 分,业绩经验 10 分,技术部分 40 分,另考虑信用等级分 2 至 3 分。评标委员会根据招标文件评标办法对投标人投标文件记名打分,按照得分从高到低的排列顺序提出推荐的中标人。

1.4.2.3 南水北调中线工程招标的特点

南水北调中线工程招标有以下主要特点:①严格贯彻执行《招标投标法》和其他规章的规定;②采用有关部委颁布的《水利水电工程施工合同和招标文件示范文本(GF - 2000 - 0208)》进行招标;③采用综合评估法和复合标底(AB 标底);④投标竞争激烈,投标的单位最多达 70 多个,部分标段有围标、串标的嫌疑;⑤标段划分多;⑥资格预审不够严格。

1.4.3 国内招投标与国际招投标的对比分析

与国际招投标相比,国内招投标在做法上主要有竞争规则、约束机制和风险管理等三个方面的不同,详见表 1-3。

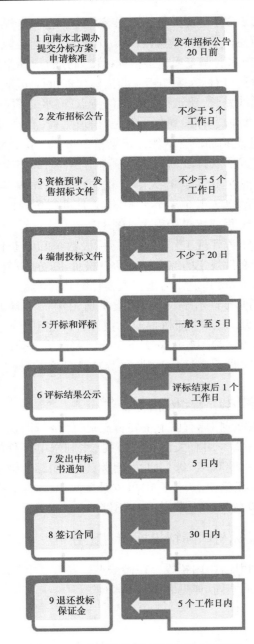

图 1-2 南水北调中线工程的招投标程序

表 1-3 国内招投标与国际招投标的主要区别

序号	项目		国际招标	国内招标
1	竞争规则方面	评标方法	最低评标价法	主要是综合评估法
2		标底	编制工程师概算作为标底,供评标参考	按定额编制标底,参与计分
3	约束机制方面	招标策划	通过施工规划详细策划	仅做分标方案
4		依据法律	国际商法和国际惯例	国内法律、法规、规章和规范性文件
5		资格预审	主要是财务能力、工程经验和设备能力	主要是法人资格和施工资质
6	风险管理方面	评标时间	较长	很短
7		评标过程	通过澄清消除风险	基本不澄清
8		投标、履约保函	按照市场机制合理设置	按照范本走形式

1.5 国内招投标方面存在的问题及原因

招投标是一种应用技术经济的评价方法和市场竞争机制的作用,有组织地择优成交的规范化交易方式。与西方国家相比,我国引入招投标制度的历史较短,有关配套制度和监督体制起步较晚。因此,招投标在我国的实施过程中出现了诸多问题。

1.5.1 国内公开招投标存在的主要问题

与国际公开招投标相比,国内公开招投标主要存在以下几个方面的不足。

1.5.1.1 诚实信用原则未得到落实

《招标投标法》第五条规定:招标投标活动应当遵循公开、公平、公正和诚实信用的原则。但诚实信用原则并未真正落实。这主要表现在围标、串标现象严重,其形式主要有招标人与投标人串通、投标人相互串通和投标人与招标代理机构串通;恶意降价情况时有发生。

《招标投标法》第三十二条明确规定:投标人不得相互串通投标报价,不得排挤其他投标人的公平竞争,损害招标人或者其他投标人的合法权益。投标人不得与招标人串通投标,损害国家利益、社会公共利益或者他人的合法权益。从民法学上说,串通招投标是产生在招标投标这一缔约过程中的违法行为,串通者违背了诚实信用原则,侵犯了其他当事人的信赖利益。从经济法的角度来讲,围标、串标是一种不正当竞争行为,破坏了自由竞争的经济秩序。应对围标串通行为有效遏制,保护当事人的合法权益,充分发挥招标投标的竞争机制,维护公平竞争的市场环境。

1.5.1.2　忽视了招投标的科学性

招标投标活动除了应当遵循公开、公平、公正和诚实信用的原则外,还必须重视招投标的科学性,尊重其内在的规律。脱离了科学性,招投标行为无法保证招标人的根本利益和投标人的基本权益。我国在此方面还存在认识不到位、法律不明确的问题。这主要表现在缺乏招投标机制的研究,在招标前、招标中和招标后都存在不科学的现象。

1.5.1.3　不重视招标策划工作

国内招标项目很少开展招标策划,造成招标标段划分不合理、标段过小,招标投标费用过高,对有实力的潜在投标人失去吸引力;标段边界不清楚,招标人提供条件不落实,给工程的实施带来困难;标底的编制脱离工程的具体情况和最优的施工方案,为今后的索赔埋下了隐患;招标人对工程的了解不充分,也未形成专家咨询机制。

1.5.1.4　招标文件千篇一律

招标文件是指导招标投标活动的统领性文件,招标文件质量的优劣直接影响招投标活动的结果与成败。当前,招标代理机构一律"克隆"招标文件示范文本;对现有的招标投标示范文本未吃透,不敢结合具体工程特点进行科学补充。招标文件东拼西凑、内容不完善、逻辑不严谨、语意含混、条款相互矛盾时有发生。

1.5.1.5　评标标准较混乱

现在的评标方法普遍采用百分制的综合评估法,但指标的设置和权重的确定带有主观性,不利于投标人采用新技术、新方法提高生产力水平,不利于技术进步;商务标的评分标准从以招标人标底为中心已过渡到复合标底,淡化了招标人标底的作用,标底不再是评标的直接依据,只是作为参考价,但复合标底的方式五花八门,缺乏科学依据。由于对经评审的最低投标价法使用缺乏相应的知识和能力,本应广泛采用的最低价原则却受到冷落。

1.5.1.6　资格审查流于形式

资格审查文件中资格审查标准不清,方法不明,未建立具体工程专用的指标体系,造成资格预审流于形式。招标代理机构基本只审施工资质和营业执照,把关不严,增加了评审委员会的评标工作量,影响了评标的工作质量。部分投标单位采用假造施工经历、借用人员证件的方式浑水摸鱼,因缺乏社会征信体系也很少被发现。

1.5.1.7 评标过程随意性大

招标代理机构为了压缩成本,评标时间安排过紧,特别是进入公共资源交易市场的招标项目,因条件限制只能安排 1 天时间。而评标专家库的专家数量偏少、专业不全、来源窄,评标专家多为兼职,业务能力和责任心方面都存在缺陷。加上采用综合评估法评标存在很大的灵活性,因此评标过程随意性较大,甚至存在招标代理从业人员操纵评标专家和评标结果的现象,严重破坏了公开、公平、公正和诚实信用的原则,更谈不上评标的科学性。

1.5.1.8 招标的责任主体不明确

招标本是招标人选择承包人的行为,但现有机制下招标人在招标过程中责任主体地位未得到保障。由于项目法人责任制不落实以及有关政策滞后,存在行政干预过多、招标监管不规范、地方保护主义严重、个别领导直接插手和干预工程项目的招投标过程等现象,严重损害了招标人的利益。

1.5.1.9 行政监督效果不明显

目前的行政监督主要来自上级主管部门或公证部门。按照现有规定的职责分工,招标投标活动行政监督存在多头管理、行政资源浪费,有监管缺位和越位现象。监督工作人员缺乏对招标政策和业务的了解,很难对项目具体情况进行深入了解,监督无法到位,往往只能通过事后检查来监督,监管名存实亡。公证机构往往是相关行政主管部门的附属机构,对行政主管人员的指示言听计从;招标投标法采用自愿申请公证的原则,作为自收自支事业单位的公证机构很难保持公正立场,公证部门的监督存在入门尴尬、参与尴尬、地位尴尬,失去了中立、公正的本色。

1.5.2 国内招投标乱象的原因分析

招投标是采用经济、高效的方式选择合适的承包人并签订施工承包合同的机制,是在国际工程建设领域被证明了的有效机制。招投标机制被引入我国以来,经过 30 多年的运用实践,已在工程建设领域全面执行,在节约建设投资、完善建设管理体制、推动技术和管理创新方面功不可没;但整体来说,建设工程招投标环节仍然是乱象环生。部分工程项目的招标人仍在变相规避招标或假招标;招投标中普遍存在投标人串通投标甚至围标的现象;招投标代理机构运作不规范;评标委员会专家不负责任;招投标监督部门走过场等。由此造成建设工程招投标成为我国经济腐败的高发领域,形势非常严峻。如何破解这一难题成为管理部门、纪检监察部门、学术界和广大民众共同关注的热点。产生各种招投标乱象的原因主要有以下四个层面。

1.5.2.1 技术层面的原因是竞争规则不科学

评标办法是招标人利益的反映,也是投标人获得中标的竞争规则,在招投标过程中起着举足轻重的作用。《招标投标法》规定了"经评审的最低投标价法"和"综合评估法"两种评标方法,对其使用范围没有硬性规定,招标人可自由选择。"经评审的最低投标价法"与国际通行的"最低评标价法"基本相同,其评标标准刚性大、操作余地小,在水利水电工程招投标中却鲜有采用。而评标标准刚度小、操作灵活的"综合评估法"却大行其道,成为招标人、招标代理机构和评标专家的"潜规则"。同时,与评标标准相关的标底和投标报价计分规则的设置随意性较大。这都成为招投标领域出现乱象的直接原因。

1.5.2.2 管理层面的原因是约束机制效率低

我国是世界上为数不多的制定了招标投标法律的国家。《招标投标法》规定了参与招投标各方的行为准则,例如,招标人和投标人不得串通投标,评标委员会专家应遵守职业道德等,并规定了违反规定的法律责任。但由于招投标工作技术性强、违规隐蔽性高,招投标行政监督部门在知识、手段方面都有欠缺,所以主动发现招投标违规现象的效率很低,发现的成本也很高。因此,监督部门基本上是"民不告官不究"。

1.5.2.3 认识方面的原因是风险管理未被重视

工程项目的风险分配方式是投标人报价的基础;投标人的风险态度影响着投标人的投标策略;风险的应对方式决定着招标人遭遇风险时的利益保证程度;设置适当的风险调节机制可以调节投标人的风险态度,进而取得理想的招投标结果。

1.5.2.4 深层次的原因是有效的招投标机制尚未完全确立

有效的招投标机制应是考虑技术、管理和认识等层面的问题,实现竞争规则、约束机制和风险调节机制互相有机结合,满足参与约束和激励相容的原则,达到依靠机制的内生约束机制形成招投标机制的良性运转。

1.6 本书的主要研究内容

针对现阶段我国招投标实践中存在的主要问题及原因,结合国内以法律和规章等外力推动的外生性招投标机制效率失灵的问题,本书拟利用博弈论和机制设计理论,结合作者多年来从事水利水电工程招标工作的实践经验,对内生性招投标机制开展深入系统的研究,以便利用招投标程序中内在因素的有机制约、控制、调整等作用,建立起内生性招投标机制,为在我国水利水电工程的招投标中引入内生性招投标机制提供科学依据和技术支持。本书的主要研究内容如下。

1.6.1　招投标的竞争规则研究

在分析国外招投标的竞争规则的基础上,分别对我国《招标投标法》规定的经评审的最低投标价法和综合评估法进行研究。重点研究经评审的最低投标价法的优缺点;利用博弈论方法分析经评审的最低投标价法的风险,以及与风险相关的关键影响因素,分析经评审的最低投标价法推行困难的原因;在分析综合评估法优缺点的基础上,运用博弈论方法分析综合评估法的报价评审标准,提出综合评估法的相关改进建议;利用博弈论分析招投标合谋产生的条件,对比分析两种评标方法对合谋的影响和存在的主要风险与问题,为提出相关改进建议提供科学依据,并通过工程招投标实例验证按本书建议改进后的综合评估法的有效性和实用性。

1.6.2　招投标约束机制研究

通过招投标约束机制的研究,探讨招投标约束机制的概念和构成因素,进而分析我国招投标法律制度约束体系及其外生性,分析外生性招投标制度约束失效的原因;在此基础上,进行经评审的最低投标价法合谋种类的分析,以及完全围标和不完全围标的博弈分析,进而提出利用内生性制度约束的参与约束和价格约束对经评审的最低投标价法进行改进的建议,并通过工程招标实例验证内生性制度约束的有效性和实用性。

1.6.3　招投标风险调节机制研究

在分析工程项目风险及应对措施的基础上,进行基于投标人风险态度的招投标博弈分析,分析经评审的最低投标价法恶意降价的风险,探讨招投标风险的调节机制,分析担保尤其是差额担保对投标人风险态度的调节作用和评标澄清对风险影响的调节作用,建立规避经评审的最低投标价法带来的恶意降价等不当竞争的风险调节机制的措施,并通过工程招投标实例验证招投标风险调节机制的有效性和实用性。

1.6.4 水利水电工程内生性招投标机制研究

结合招投标的竞争规则、制约机制、风险调整机制等研究成果,在分析招投标机制的概念、水利水电工程的特点和招投标机制的核心的基础上,按照机制设计理论的参与约束和激励相容等理念和思路,利用制度理论等研究工具,揭示水利水电工程内生性招投标机制的机理、流程和主要措施,分析内生性招投标机制的优势,提出在水利水电工程招投标中建立和引入内生性招投标机制的建议,并运用内生性招投标机制设计大藤峡水利枢纽主体工程的招标方案。

1.6.5 评标办法的演化博弈模型研究

利用新制度经济学和演化博弈论等研究工具,将评标办法作为制度建立演化博弈模型,进行招投标机制变革的演化博弈分析和综合评估法与经评审的最低投标价法的演化博弈分析,分析我国招投标制度变革的路径,探求其发展的规律、条件和方向,分析我国评标方法博弈的演化方向,预测我国评标方法的发展趋势,提出在我国政府采购中和国有投资为主的水利水电工程项目的招投标中积极采用经评审的最低投标价法的建议。

第 2 章　招投标基本理论和方法

招投标过程是招标人和投标人以及投标人之间的竞合的过程。国内外研究招投标的主要理论工具是博弈论。而博弈论又是建立在招标人和投标人的期望效用的基础上的。本章将介绍研究招投标机制的效用理论、经典博弈论、演化博弈论和机制设计理论等基本理论和方法。

2.1　效用理论

2.1.1　效用函数

效用函数是经济学中描述经济市场客体在考虑与财富有关的行为方式时最常用的一种分析工具,在招投标分析中首选效用函数作为基本工具,它是博弈论的基础。

2.1.1.1　效用

效用是指人们从某种事物中得到的主观上的满足程度。它广泛地应用于心理学、哲学和经济学。

2.1.1.2　效用函数

在经济学中,效用函数表示消费者在消费中所获得的效用与所消费的商品之间的数量关系,用以衡量消费者从消费既定商品组合中所获得的满足程度,一般用 $u(\omega)$ 表示。

常用的效用函数有等值效用函数、线性效用函数和指数效用函数。根据效用函数的定义,效用函数具有非负性和严格单调递增等基本性质。

2.1.1.3　投标人的效用函数

投标人的效用函数是其某一种投标方案带来的收益的主观上满足程度的函数,可分为凹效用函数、凸效用函数和线性效用函数,分别表示投标人的风险态度的不同类型。

2.1.2　风险态度

2.1.2.1　**风险**

风险是指结果的不确定状态,或者是实际结果相对于期望值的变动。风险的测量通常可以从损失的可能性(或概率)以及损失的大小(或程度)两个方面来进行。

2.1.2.2　**风险溢价**

风险情况 $\tilde{x}$ 的期望值与 $\tilde{x}$ 的确定当量之差 $\pi = E(\tilde{x}) - \omega^*$ 称为风险溢价。它代表决策者为了避免风险而愿意付出的金额。

2.1.2.3　**风险态度**

因为效用代表决策者对财富的看法,因此效用函数自身的特征就代表着决策者对风险的态度。

风险态度是指决策者对风险所采取的态度,它是决策者基于不确定性对目标带来的正面或负面影响所选择的一种心智状态,是对重要的不确定性认知所选择的回应方式。

如果决策者效用函数的二阶导数满足 $u''(\omega) < 0$,或效用函数为凹函数,则称决策者为风险规避型;如果决策者效用函数的二阶导数满足 $u''(\omega) = 0$,或效用函数为线性函数,则称决策者为风险中性;如果决策者效用函数的二阶导数满足 $u''(\omega) > 0$,或效用函数为凸函数,则称决策者为风险偏好型。

2.2　经典博弈论

博弈论(Game Theory)是研究在风险和不确定情况下,多个决策主体行为相互影响时理性行为及其决策均衡的问题。冯·诺依曼(Von Neumann)和摩根斯坦恩(Morgenstern)1944 年合著的《博弈论和经济行为》定义了博弈论的基本数学概念与分析工具,将博弈规范为一般理论。20 世纪 50 年代合作博弈发展到顶峰,包括纳什(Nash)和夏普里(Shapley)的"讨价还价"模型和非合作博弈的创立。20 世纪 60 年代后,泽尔腾(Selten)提出了"精练纳什均衡"的概念。海萨尼(Harsanyi)把不完全信息引入了博弈论的研究。从 20 世纪 80 年代开始,博弈论逐渐成为主流经济学的一部分和微观经济学的基础。现博弈论已成为分析市场竞合行为的重要工具。

2.2.1　博弈的基本概念

博弈就是一些个人、团队或其他组织,面对一定的环境条件,在一定的约束条件下,依靠所掌握的信息,同时或先后,一次或多次,从各自可能的行动或策略集中进行选择并实施,从中各自取得相应结果或收益的过程。它包括参与人(Player)、行动(Actions)、信息(Information)、策略(Strategies)、次序(Order)、收益(Payoff)、结果(Outcome)和均衡(Equilibrium)等八个要素。

2.2.2　博弈的分类

按照参与人行动的先后顺序和参与人对其他参与人的特征策略空间及支付函数等了解的程度,博弈可分为表 2-1 所示的四类形式。

表 2-1　博弈的分类

信息程度	行动顺序	
	静态博弈	动态博弈
完全信息博弈	完全信息静态博弈 纳什均衡	完全信息动态博弈 子博弈精练纳什均衡
不完全信息博弈	不完全信息静态博弈 贝叶斯纳什均衡	不完全信息动态博弈 精练贝叶斯纳什均衡

2.2.3　博弈的表达方式

2.2.3.1　战略式表述

战略式表述又称标准式表述,所有参与人同时选择各自的战略,所有参与人选择的战略一起决定每个参与人的支付。战略式表述更适用于静态均衡,如表 2-2 所示的投标人 A 和 B 的收益矩阵。其中 $p-c$、$m-c$、$n-c'$、$p-c'$ 等分别代表博弈参与人在不同情况下的期望效用(收益)。

表 2-2　投标人 A 和 B 的收益矩阵

投标人 A	投标人 B		
		诚实	失范
	诚实	$p-c, p-c$	$m-c, n-c'$
	失范	$n-c', m-c$	$p-c', p-c'$

2.2.3.2 扩展式表述

扩展式表述是一种动态描述,描述参与人何时选择行动,选择哪些行动,以及参与人可了解的信息等。扩展式表述更适用于动态均衡,如图 2-1 所示的某工程项目公开招标的博弈过程。

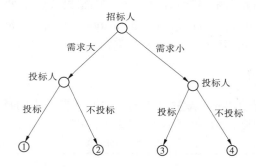

图 2-1 投标行动博弈过程

2.2.4 博弈论分析的特征

博弈论是一种关于行为主体策略相互作用的理论,已形成一套完整的理论体系和方法论体系。博弈论分析具有下列特征。

2.2.4.1 基本假设的合理性

博弈论有两个基本假设:一是当事人理性,在进行决策时必须并且能够充分考虑人们行为之间的相互作用及可能影响,做出合乎理性的选择;二是博弈参与者最大化自己的目标函数,选择使其收益最大化的策略。从社会生活的实践看,这两个假设是基本符合人们的心理规律的,因为在各种情形中各行为主体都有自己的利益或目标函数,都面临着选择问题,在客观上也要求选择最佳策略。

2.2.4.2 研究对象的普遍性

随着社会经济的发展,人们的行为之间存在相互作用与相互依赖,不同行为主体及其不同的行为方式所形成的利益冲突与合作已成为一种普遍现象,这为博弈论研究提供了十分丰富的研究对象,也使博弈论的研究对象具有普遍性。在现实世界中,一切涉及人们之间利益冲突与一致的问题、关于互斗或竞争的问题都是博弈论研究的对象。

2.2.4.3 研究方法的独特性

作为一种重要的方法论体系,博弈论独特的研究方法主要表现在:一是运用数学方法来描述所研究的问题,使博弈论所分析的问题更为精确。二是研究方法具有抽象化的特征。博弈论把现实世界中人们之间的复杂的行为关系进行高度抽象,概括为行为主体之间的利益冲突与一致,进而研究人们的策略选择问题,抓住了问题的关键和本质。三是博弈论分析方法所体现的模式化特征。博弈论的基本要素包括参与人、战略组合、支付函数,任何一个博弈分析都离不开这些要素。这意味着博弈论为人们提供了一个统一的分析框架或基本范式。在这种分析框架中,可以构建经济行为模型,并能够在该模型中考虑各种情形中的信息特征和动态特征,从而使博弈论能够分析和处理其他工具难以处理的复杂行为,成为对行为主体之间复杂过程进行建模的最合适的工具。四是博弈论方法所涉及学科的综合性。在博弈论分析中,不仅要应用现代数学的知识,还要涉及经济学、管理学、心理学和行为科学等学科。

2.2.4.4　研究结论的真实性

博弈论分析问题最根本的特征是强调当事人之间行为的相互作用与影响,同时很好地解决了信息问题和时序问题,这就使研究的问题及相关的结论与现实十分接近,具有真实性。

从以上博弈论分析特点来看,博弈参与人战略的制定要考虑到对手可能的反应,要根据对手的反应来不断调整自己的策略和行动,以达到击败对手或者至少领先于对手的目标。这也正反映出博弈论思想策略依存的特点。

2.3　演化博弈论

演化博弈论作为现代经济演化理论的三大组成部分之一,是博弈论的前沿科学。它既有经典博弈论的理论优势,又合理吸收了演化思想,是一个强有力的理论武器。相对于经典博弈论,演化博弈论有两个突出的特点:一个是结合生物演化思想,降低了经典博弈论中对参与人的理性经济人的要求,采用有限理性的假设;二是注重过程的分析,强调博弈结果实现的动态过程及其机制。演化博弈论在经济学的应用只有近 20 年的历史,其主要理论框架如下。

2.3.1　演化稳定均衡

演化过程一般都包括两种行为演化机制:选择机制(Selection Mechanism)和突变机制(Mutation Mechanism)。选择机制是指本期中能够获得较高收益的策略,在下期将被更多参与者选择。选择包括许多可能的形成机制,这些机制可能是生态意义上的繁殖成活率,可能是个人意义上的试验、刺激及反应等,也可能是社会意义上的学习、试验及模仿等。突变是指参与者以随机(无目的性)的方式选择策略,因此突变策略可能是能够获得较高收益的策略,也可能是获得较低收益的策略,突变一般以很小的概率发生。新的突变也必须经过选择,并且只有获得较高收益的突变策略才能生存下来。

定义:设 s 是一个两人对称博弈 G 的一个策略,如果存在 ε^0,对任意的 $s' \neq s$ 和任意的 $\varepsilon\epsilon(0, \varepsilon^0)$,满足:

$$g[s, (1 - \varepsilon)s + \varepsilon s'] > g[s', (1 - \varepsilon)s] \tag{2-1}$$

则称 s 是一个"演化稳定均衡(Evolutionarily Stable Equilibrium,简称 ESS)"。其中 $g(a, a)$ 即博弈双方策略为 (a, a) 时的得益,即适应度。一个 ESS 代表一个种群抵抗变异侵袭的一种稳定状态。当"主导策略" s 受到少量($\varepsilon\%$)"变异策略" s' 入侵时,不等式说明采用主导策略严格优于变异策略。当得益代表后代的数量时,这就意味着变异者在种群中的比例最终会消失。

按群体数目不同,演化博弈动态模型可分为两大类:单群体(Monomorphic Population)动态模型与多群体(Polymorphic Populations)动态模型。单群体动态模型是指所考察的对象只含有一个群体,并且群体中的个体都有相同的纯策略集,个体与虚拟的参与人进行对称博弈。博弈中个体选择纯策略所得的支付随着群体状态的变化而变化。多群体动态模型是指所考察的对象中含有多个群体,不同群体个体可能有不同的纯策略集,不同群体个体之间进行的是非对称博弈。博弈中个体选择纯策略所得的支付不仅随其所在群体的状态变化而变化,而且随其他群体状态的变化而变化。

演化稳定均衡提出之后,理论家提出了多种动态复制方程。到目前为止,在演化博弈理论中应用得最多的还是由泰勒和乔恩克(Taylor and Jonker)于1978 年在解释生态现象时最先提出来的复制动态(Replicator Dynamics)。复制动态是演化博弈理论的基本动态,它能较好地描绘有限理性个体的群体行为变化趋势,其结论能够比较准确地预测个体的群体行为,因而受到博弈论理论家的重视。

2.3.1.1 单群体复制动态模型

单群体复制动态模型把一个生态环境中所有的种群看作一个大群体,而把群体中每个种群程式化为一个特定的纯策略。群体在不同时刻所处的状态一般用混合策略来表示。所谓复制动态,是指使用某一纯策略的人数在群体中所占比例的增长率等于使用该策略时所得支付与群体平均支付之差,或者与平均支付成正比。对称博弈模型中复制动态公式的微分方程如下:

$$\frac{\mathrm{d}x_i}{\mathrm{d}t} = \left[f(s_i, x) - f(x, x) \right] x_i \tag{2-2}$$

式中，s_i 表示在某时刻第 i 个个体选择的纯策略；$x_i = n_i(t)/N$ 为在某时刻选择"纯策略" i 的人数在群体中所占的比例；$f(s_i, x)$ 表示群体中个体进行随机匿名博弈时选择纯策略 s_i 的个体所得的期望支付；$f(x, x) = \sum x_i f(s_i, x)$，其表示群体平均期望支付。

从式（2-2）可以看出，如果选择一个纯策略 s_i 的个体得到的支付少于群体平均支付，那么选择纯策略 s_i 的个体在群体中所占的比例将会随着时间的演化而不断减少；如果一个选择纯策略 s_i 的个体得到的支付多于群体平均支付，那么选择纯策略 s_i 的个体在群体中所占的比例将会随着时间的演化而不断地增加；如果个体选择纯策略 s_i 所得的支付等于群体平均支付，则选择该纯策略的个体在群体中所占的比例不变。可以看出，泰勒等提出的复制动态仅仅考虑到纯策略的遗传性，而没有考虑混合策略的可继承性。博穆佐（Bomze）证明了如果允许混合策略也可以被继承，那么在复制动态下，进化稳定策略等价于渐近稳定性。在复制动态下，对称博弈中每一个 ESS 都是渐近稳定的。

2.3.1.2　多群体复制动态模型

泽尔腾（Selten）1980 年通过引入角色限制行为（Role Conditioned Behavior）而把群体分为单群体与多群体。不同群体是根据个体可供选择的纯策略集不同来划分的。在多群体时，不同群体中的个体有不同的纯策略集，有不同的群体平均支付及不同的群体演化速度。多群体的复制动态方程如下：

$$\frac{\mathrm{d}x_i^j}{\mathrm{d}t} = \left[f(s_i^j, x) - f(x^j, x^{-j}) \right] x_i^j \tag{2-3}$$

式中，上标 $j(j = 1, 2, 3, \cdots, K)$ 表示第 j 个群体，其中 K 表示有 K 个群体；x_i^j 表示第 j 个群体中选择第 $i(i = 1, 2, 3, \cdots, N_j)$ 个纯策略的个体数占该群体总数的百分比；x^j 表示群体 j 在某时刻所处的状态，x^{-j} 表示第 j 个群体以外的其他群体在 t 时刻所处的状态；s_i^j 表示群体 j 中个体行为集中的第 i 个纯策略；x 表示混合群体的混合策略组合；$f(s_i^j, x)$ 表示混合群体状态为 x 时群体 j 中个体选择纯策略 s_i^j 时所能得到的期望支付；$f(x^j, x^{-j})$ 表示混合群体的平均支付。

多群体模型并不是对单群体模型的简单改进，由单群体到多群体涉及一系列均衡及稳定性等问题的变化。泽尔腾证明了"在多群体博弈中进化稳定均衡都是严格纳什均衡"的结论。这就说明，在多群体博弈中演化稳定均衡概念显示出一定的局限性。同时，在复制动态下，在单群体与多群体同一博弈也会有不同的演化稳定均衡。

2.3.2 随机稳定均衡

按影响系统的因素的确定性和随机性,演化动态模型可以分为确定性动态模型与随机性动态模型。确定性动态是指系统仅受到确定性因素影响,或者受到可以忽略的随机性因素影响并且按照一种确定的方式进行行为调整的动态。随机性动态把系统向均衡演化过程中受到的不可忽略的随机冲击纳入到了动态模型。复制动态是确定性动态,也是描述随机动态系统的基础。确定性复制动态能够较简单地描述系统的长期行为,利用它所得到的结果可以很好地预测群体行为,因而其应用非常广泛。

然而,确定性复制动态也存在其固有的缺陷:从理论意义上讲,在确定性动态下,所有纳什均衡都是动态系统的不动点(Fixed - point),并且所有严格纳什均衡都是渐近稳定的不动点,因此不利于系统在严格纳什均衡之间的选择。从现实意义上讲,经济系统常常会受到许多随机冲击的影响,环境的不断变化会引起个体行为支付不确定性的变化;在任何给定时期各种类型的参与者个体数也是不断变化的;经济系统中个体常常会不断地进行试验(由于个体对自己支付的不确定)及新旧更替(因为新来者可能并不熟悉原群体所处的状态)等因素都会对群体行为产生随机影响,仅用确定性复制动态来描述系统行为的变化显然是不够的。要更准确地描述一个系统的动态变化,就必须对随机动态系统进行研究。

福斯特(Foster)和扬(Young)首次把随机因素纳入到进化动态模型,开了对随机动态系统研究的先河。他们认为,现实中,尽管单个随机因素对系统的影响很小,但这些影响却可能产生累积的效果,从而定量地改变动态系统的渐近行为,因而忽略随机因素对系统的影响的确定性动态系统是不合理的。他们利用维纳过程(Weiner Process)来描述随机因素的影响,并把这种随机影响直接加到确定性复制动态的群体分布水平上,同时提出了"随机稳定性(Stochastic Stability)"和"随机稳定均衡(Stochastically Stable Equilibrium,简称SSE)"这一对描述随机系统均衡的概念,把传统确定性动态模型中的 ESS 拓展到随机性动态系统中。它是一个比演化稳定策略更精练的概念。

在扬(Young)的研究之后,出现了很多相似和进一步的研究,大大丰富了这一理论领域的发展。许多博弈论理论家从不同的方面对随机动态系统进行了深入的研究,并得出了有用的结论。弗登博格(Fudenberg)和哈里斯(Harris)认为福斯特和扬的模型存在不足之处,他们通过假定支付函数受到群体水平或者累积冲击的影响,利用同样的维纳过程引入了随机因素。康多瑞(M. Kandori)、梅拉思(G. Mailath)和罗布(R. Rob)首次分析了有限个体的离散随机动态系统,提出了著名的 KMR 模型。后来,博根(Bergin)和伯顿(Barton)等在 KMR 模型的基础上又进行了一定程度的修正。他们认为,考察突变率随系统的状态变化而变化更具现实意义,他们引入了随系统状态变化而变化的随机因素。这些都是重要的研究成果,演化博弈论的这个分支也在不断发展和完善中。

2.4　机制设计理论

2.4.1　机制设计理论的内容

机制设计理论(Mechanism Design Theory)就是在把机制定义为一个信息交换系统和信息博弈过程之后,把关于机制的比较转化成对信息博弈过程均衡的比较。它把社会目标作为已知,在自由选择、自愿交换、信息不完全及决策分散化的条件下,试图通过设计博弈的具体形式寻找实现既定社会目标的经济机制,在满足参与者各自条件约束的情况下,使参与者在自利行为下选择的策略的相互作用能够让配置结果与预期目标相一致。机制设计理论可以看作是博弈论和社会选择理论的综合运用,其核心思想是如何在信息不对称的情况下,设计一套制度,以实现委托人和代理人之间的信任以及保证机制正常运行。它是一种典型的三阶段不完全信息博弈。第一阶段,委托人提供一种机制(规则、契约、分配方案等);第二阶段代理人行动,决定是否接受这种机制;如果接受机制,则进入第三阶段,即代理人在机制约束下选择自己的行动。机制设计涉及信息效率(Informational efficiency)、激励相容(Incentive compatibility)两个方面的问题。

2.4.1.1　信息效率

信息效率是经济机制实现既定社会目标所要求的信息量,反映机制运行的成本。它要求所设计的机制只需要较少的参与者的信息和较低的信息成本。对于机制设计者(委托人)来说,信息空间的维数越小越好。在信息不完全的情况下,认为除非得到好处,否则参与者一般不会真实地显示个人经济特征方面的信息。在这种情况下,即便每个参与者按照自利原则制订个人目标,机制实施的客观效果也能达到设计者所要实现的目标。从信息的观点出发,把经济机制看成是一个信息交换和调整的过程,在统一的模型和信息框架下研究经济机制以及经济机制的信息成本问题,可以从一个经济机制信息空间维数的大小来评价机制的好坏,寻求既能实现既定社会目标,信息成本又尽可能小的机制。

2.4.1.2 激励相容

激励相容是在给定机制下,如实报告自己的私人信息是参与者的占优策略均衡,那么这个机制就是激励相容的。个人利益与社会利益不一致是一种常态,并且信息不完全、个人自利行为下隐藏真实经济特征的假定也符合现实。在很多情况下,讲真话不一定是占优均衡策略。在参与性约束条件下,不存在一个有效的分散化的经济机制能够导致帕累托最优(Pareto Optimality)配置,并使人们有动力去显示自己的真实信息。要想得到能够产生帕累托最优配置的机制,就必须放弃占优均衡(Dominant Equilibrium)假设并考虑激励问题。激励相容成为机制设计理论和现代经济学的一个核心概念,也成为经济机制设计中一个无法回避的重要问题。

2.4.2 设计者

由于用一个统一的模型把所有的经济机制放在了一起进行研究,机制设计理论的研究对象大到整体经济制度的一般均衡设计,小到某个经济活动的局部均衡设计,其研究范围涵盖了计划经济、市场经济以及各种混合经济机制。

机制设计理论中"设计者(Designer)"的概念也是非常广泛的,既可以是宏观经济政策制定者或制度设计者,也可以是微观经济单位的主管领导。这使得机制设计理论具备了非常广泛的应用前景,将大到宏观经济政策、制度的制定,小到企业的组织管理问题纳入到统一的分析框架中,对现实问题具有很强的解释力和应用价值。

2.4.3 机制设计理论与信息经济学及博弈论的关系

机制设计理论和信息经济学、博弈论是相互渗透的三个经济学理论,这在有关的教科书中可以印证。博弈论是方法论导向的经济学理论,机制设计理论和信息经济学是问题导向的经济学理论。信息经济学和博弈论就像一枚硬币的不同两面。

机制设计理论是专门研究设计经济机制的理论,其激励相容的理论极大地丰富了信息经济学的理论体系。而信息经济学的研究内容要广泛得多,甚至将机制设计理论纳入了信息经济学的体系。机制设计理论与信息经济学的相同之处是都采用博弈论作为主要的研究工具。

2.5 本章小结

本章主要介绍了研究招投标机制的效用理论、经典博弈论、演化博弈论和机制设计理论等基本理论和方法。主要研究结论如下。

（1）投标人的效用函数是其某一种投标方案带给招投标收益的主观上满足程度的函数，可分为凹效用函数、凸效用函数和线性效用函数，分别表示投标人的风险态度类型为风险规避型、风险偏好型和风险中性。

（2）博弈就是一些个人、团队或其他组织，面对一定的环境条件，在一定的约束条件下，依靠所掌握的信息，同时或先后，一次或多次，从各自可能的行动或策略集中进行选择并实施，从中各自取得相应结果或收益的过程。它包括参与人、行动、信息、策略、次序、收益、结果和均衡等八个要素。经典博弈论具有基本假设的合理性、研究对象的普遍性、研究方法的独特性和研究结果的真实性等特征，因而在招投标研究中被广泛地使用。

（3）演化博弈论既有经典博弈论的理论优势，又合理吸收了演化思想，是研究招投标的最新理论工具。演化博弈论放宽了经典博弈论理性经济人的假设，认为博弈参与人是有限理性的经济人，同时强调博弈结果实现的动态过程及其机制，现已开辟了研究制度及其发展的新领域。演化博弈论参照生物演化的选择机制和突变机制，引进演化稳定均衡和复制动态的概念，已形成科学的理论体系。

（4）机制设计理论是博弈论和社会选择理论的综合运用，其核心思想是如何在信息不对称的情况下，设计一套制度，以实现委托人与代理人之间的信任以及保证机制正常运行。机制设计理论涉及的信息效率、参与约束、激励相容等理念极大地丰富了信息经济学的理论体系，成为微观经济学的重要概念。

第3章　招投标的竞争规则研究

3.1　概　述

　　竞争是商品经济的产物,也是一种市场关系。通过竞争可以确定商品的价格,实现价值规律。市场竞争既是企业的外在压力,也能转换为企业的内在动力,促使企业采用新技术、更新设备、改善工艺,进而提高劳动生产率、降低成本、提高效益,从而实现市场的优胜劣汰,达到社会资源的优化配置,促进社会的不断进步。

　　招投标的竞争是由合格的投标人响应招标人的邀请,按照招标人制定的竞争规则,通过信息、技术和价格竞争,淘汰其他投标人而成为中标人,并与招标人确定施工承包合同的过程和方式。招投标的竞争本质上就是一个博弈过程。它包括参与人、规则和结果三个要素。不同的竞争规则会产生不同的博弈结果。招投标的竞争规则就是评标方法。招投标竞争中的博弈关系见图3-1。

图3-1　招投标竞争博弈关系

3.1.1　国外对评标方法的理论研究

　　国外对评标办法的研究建立在拍卖理论的基础上。拍卖都是价高者中标,招投标往往是价低者中标,招投标是一种逆向密封拍卖。威廉·维克里

（William Vickrey）把拍卖分为英式拍卖、荷兰式拍卖、第一价格拍卖和第二价格拍卖。研究评标方法常用一级价格密封招标机制、二级价格密封招标机制和多级价格密封招标机制。

3.1.1.1　一级价格密封招标

一级价格密封招标机制是一种单阶段招标机制,投标方只有一次报价机会。各投标人密封标书投标,统一时间开标,最低的报价者以最低价中标。在第一价格密封投标下,每个投标人只知道根据自己的预期、偏好、经验和成本等因素,理性地得出真实意愿的招标工程合理价格——保留成本,并不知道其他人的保留成本,但知道一个主观概率,故各方之间存在"不完全的信息";各博弈方是一次性的行为选择,投标人与招标人之间独立地做出各自的决定,实现商品交割后双方再无其他的利益牵涉和行为选择,故它是静态博弈。因此,一级价格密封招标是信息不完全的静态博弈。

梅耶森（Myerson）、翰瑟曼（Hanssman）和瑞特（Rivet）等用 IPVM 型拍卖模型作为基准点模型,研究了一级价格密封招标问题。他们的模型都建立在以下假设基础上:①投标人是风险中性的,即投标人的目标是最大化期望收益;②投标人具有独立私人估价信息,即投标人对项目的估价是独立的;③投标者的报价是估价的函数;④投标人是对称的,各投标人之间对投标工程的信息是对称分布的。

在此假设下,有 n 个投标人参与一项目施工投标,每个投标人 i 的保留价格 v_i 是独立的并在 $[0,1]$ 区间上均匀分布,其报价为 b_i,则投标人 i 的期望收益为:

$$Eu_i = (b - v)\prod_{j \neq i} p(b < b_j) = (b - v)[1 - \varphi(b)]^{n-1} \qquad (3\text{-}1)$$

式(3-1)最优化的一阶条件为:

$$[1 - \varphi(b)]^{n-1} - (n - 1)(b - v)[1 - \varphi(b)]^{n-2}\varphi'(b) = 0$$

即:
$$1 - \varphi(b) - (n - 1)(b - v)\varphi'(b) = 0$$

在均衡状况下有 $\varphi(b) = v$,则有:

$$1 - v - (n - 1)(b - v)v' = 0$$

求解上式一阶线性非齐次微分方程,得:

$$b^*(v) = v + \frac{1}{n}(1 - v) + \varepsilon(1 - v)^{1-n}$$

因为 $n = 1$ 时,有 $b = 1$,因此 $\varepsilon = 0$,即有:

$$b^*(v) = v + \frac{1}{n}(1 - v) = \frac{1 + (n - 1)v}{n} \qquad (3\text{-}2)$$

由式(3-2)可见,均衡报价 $b^*(v)$ 随着 n 的增加而降低,特别是当 $n\to\infty$ 时,$b^*(v)\to v$,也就是说投标人越多,投标的价格越低。这种机制下的竞价行为反映了投标人在竞价活动中的矛盾:投标价越高,中标机会越低,但中标后的收益增大;投标价越低,中标机会越高,收益却降低。一级价格密封招标的投标价格是一种纳什均衡,每个投标人的最优策略是根据对其他投标人遵循准则的预期进行选择,其最优投标报价是实际成本加上所有投标人中最高成本与实际成本之差的一半,不是按照自己的保留价格进行报价的诚实信用策略,因此投标人的竞争存在道德风险。

3.1.1.2 二级价格密封招标

为了解决在信息不对称的情况下如何达到与竞争性市场相一致的帕累托最优效果的问题,维克里(Vickrey)引入了著名的第二价格密封拍卖。在第二价格密封拍卖中,每个投标者提交密封的交易价格,出价最高者赢得商品,但交易价格是以所有出价中的第二高价进行交易的。第二价格密封拍卖也称为二级价格密封招标,招投标各方之间依然存在"不完全的信息";各博弈方是一次性独立报价,仍是静态博弈。因此,二级价格密封招标是信息不完全的静态博弈。在此投标方式下,假设有 n 个投标方,每个投标方 i 的保留价格为 v,投标报价为 b;其他投标报价中 j 的报价 l 为最低。

当 i 的投标报价高于其保留价格,即 $b>v$ 时,则有三种情况:$b>v>l$ 时,i 的报价无论是 b 还是 v,都是 j 中标,i 的收益为 0;$l>b>v$ 时,i 的报价无论是 b 还是 v,都以 l 价格中标,i 的收益为 $l-v$;$b>l>v$ 时,j 中标,i 的收益为 0。若报价 v,则 i 以 l 价格中标并收益 $l-v$。因此,以超过保留价格投标不是最优选择,而应以保留价格投标。

当 i 的投标报价低于其保留价格,即 $b<v$ 时,则有三种情况(基本与上述类似):$l<b<v$ 时,i 的报价无论是 b 还是 v,都是 j 中标,i 的收益为 0;$b<v<l$ 时,i 的报价无论是 b 还是 v,都以 l 价格中标,i 的收益为 $l-v$;$b<l<v$ 时,i 中标,但亏损 $l-v$。若报价 v,则 i 不中标,但不亏损。因此,以超过保留价格投标也不是最优选择,而应以保留价格投标。

通过以上分析可以得出结论,二级价格密封招标的投标价格是占优均衡策略,投标人不管对手报价多少,其最优报价都是保留价格,即诚实信用是最优策略。次低价与最低价的差额是对诚实信用的奖励。它是假设条件下最有效率的招标模式。

3.1.1.3 多级价格密封招标

三级价格密封招标是指潜在的投标方以密封的方式向招标方报价,最低的报价者中标,但中标价为第三低价。沃尔夫斯戴特(Wolfstetter)研究了第三级以及更高级别的价格密封拍卖中投标人的均衡投标函数。托曼(Tauman)研究了完全信息下 k 级价格密封拍卖的特点。杨颖梅证明,在 $n(n \geqslant 3)$ 个风险中性投标人参加三级价格密封招标情况下,投标人的私人的真实估价 v 的概率分布函数为 $F(v)$,密度函数为 $f(v)$ 时,投标人的均衡报价为:$b_3^*(v) = v - \dfrac{1}{(n-2)} \dfrac{1-F(v)}{f(v)}$。他得出在三级价格密封招标中投标人的投标价格低于他自己的真实估价 v,并且均衡投标报价随投标人数的增加而增加,逐渐接近投标人的真实估价 v。在三级及以上价格密封招标方式下,存在不诚实信用而获益的可能性,也不是诚实信用的模式。

3.1.1.4　招投标中的合谋现象

以上三种招标模式的共同点是投标价最低者中标,不同点是中标后签约价格不同。为了降低信息不对称,投标人在这三种招标模式下都存在合谋(Collusion)的可能。合谋现象的研究实际上是对 IPVM 型拍卖模型四个假设中"投标人具有独立私人估价信息"条件的放宽。

经济学理论认为,合谋是寡头垄断行业为了排除或者限制竞争者而采取的行为。招投标中的合谋是指在招投标过程中,招投标市场主体中的两方或多方为获得不当得利结成联盟,利用法律法规的漏洞和信息优势采取不规范行为,以达到控制、影响招投标结果的目的,对其他参与方造成利益损失的行为。合谋都有负外部性的结果。

参与合谋的投标人常被称为竞标同盟(Bidding Ring)或卡特尔(Cartel)。卡特尔为协定或同盟的法语音译,是一种正式的串谋行为,在卡特尔内部订立一系列的协议,来确定整个卡特尔的产量、产品价格或销售区域等,属于寡头市场的一个特例。

招投标中的合谋行为主体众多,包括招标人、投标人、招标代理机构、评标专家、招标监管部门等。合谋方式更是多种多样,主要包括投标人之间的合谋、招标人与投标人之间的合谋、投标人与招标代理机构之间的合谋、投标人与招标监督机构之间的合谋等。投标人之间的合谋主要包括串标、围标、陪标、挂靠等形式。投标人之间长期合谋的利益分配方式主要有价格同盟、轮流坐庄、补偿投标、市场分割等。

罗宾逊(Robinson)、格雷汉姆(Graham)和马歇尔(Marshall)等开了拍卖合谋理论研究的先河,引发了后来学者研究的热潮。马歇尔认为,在第二价格密封拍卖中,竞标同盟(Bidding Ring)除了阻止最高估价的竞标者外,还必须制止所有其他成员的竞价,因此第二价格密封拍卖比第一价格密封拍卖更容易出现合谋。

防范合谋的方法主要是抑制代理人的合谋动机和防止达成收益分配契约。梯若(Tirole)首次将委托代理理论引入到反合谋问题的研究中,从激励相容的角度出发,提出了防范合谋的一般原理,即委托人设计一个防范合谋的主契约,使代理人从中得到的收益不少于合谋收益;防范合谋可从激励监管者、减少合谋收益、提高合谋成本三个方面入手。柯瓦斯妮卡(Kwasnica)和舍尔斯秋克(Sherstyuk)在其研究中发现增加竞标人数量能有效减少拍卖中的合谋现象。格雷汉姆(Graham)和马歇尔(Marshall)提出拍卖者对于竞标联盟存在的最优反应就是设定最高的保留价格来减小合谋概率。车(Che)和金(Kim)提出了最优防合谋拍卖方式。

3.1.2 国内对评标方法的规定

3.1.2.1 我国曾用过的评标方法

20世纪80～90年代,我国对招投标的评标办法没有统一的规定,不同行业和部门根据自身需要和对国际招标通用的最低评标价法的不同理解,试用了各式各样的评标办法。由于当时计划经济色彩浓厚,市场意识淡薄,因此评标办法都具有一定的灵活性,便于主管部门和建设单位的行政干预。国内曾经使用过的主要评标方法见表3-1。

表3-1 我国曾经使用过的主要评标方法

名称	评标方法	评标依据	主要特点
最接近标底法	当投标文件满足招标文件的其他实质性要求时,选择报价最接近招标人发布的标底的投标人为中标人	标底	招标人完全控制
合理低价法	当商务条款满足招标文件要求且各项报价在合理区间内时,选择投标总价较低的投标人为中标人	标底	招标人部分控制

续表 3-1

名称	评标办法	评标依据	主要特点
合理报价法	当投标文件满足招标文件的其他实质性要求时,选择投标总价低于有效报价平均值一定幅度的投标人为中标人	报价平均值	招标人部分控制
最低投标价法	在满足招标文件实质性要求的条件下,选择投标报价最低的投标人为中标人	最低报价	评委不能控制
最低评标价法	在满足招标文件实质性要求的条件下,评委对投标报价以外的因素量化并折算成价格后得到评标价,评标价最低的投标人为中标人	评标价	评委不易控制
价分比法	在满足招标文件实质性要求的条件下,评委对价格以外的各项因素进行综合赋分,投标报价除以所得总分最低的投标人为中标人	得分	评委完全控制
综合评议法	在满足招标文件实质性要求的条件下,评委依据招标文件规定的评审因素进行定性评议并投票,得票最多的投标人为中标人	无	评委完全控制
综合评分法	在满足招标文件实质性要求的条件下,依据招标文件中规定的各项因素进行综合评审,评审得分最高的投标人为中标人	标底和赋分标准	评委可以控制

3.1.2.2　我国对评标方法的现行规定

在总结我国近 20 年招投标实践的基础上,《招标投标法》于 1999 年颁布并于 2000 年开始实施。《招标投标法》将以往繁杂的评标方法规范为两种评标方法,即经评审的最低投标价法和综合评估法。

经评审的最低投标价法是指在满足招标文件实质性要求的条件下,评委按照招标文件规定的评标标准,对投标人的投标报价以外的有关因素进行量化,折算成相应的价格并与报价合并计算得到折算投标价(评标价),折算投标价最低的投标人作为中标候选人的评标方法,但投标价格低于其企业成本的除外。由此可见,经评审的最低投标价法与国际招标通行的最低评标价法非常接近,只是名称不同。

综合评估法是指评委按照招标文件规定的评标标准,对投标报价、施工方案、质量、工期、企业信誉和业绩、项目经理的资历与业绩等因素进行综合评价并赋分,得分最高的投标人作为中标人的评标方法。综合评估法是在综合评议法的基础上,对综合评分法的细化和规范。

经评审的最低投标价法和综合评估法是我国法定的两种评标方法,本书将分别进行分析。

3.2 经评审的最低投标价法

3.2.1 经评审的最低投标价法的优点

与其他评标方法相比,经评审的最低投标价法有以下优点:

(1)以科学最优的拍卖理论为基础,符合与国际惯例接轨的要求。

经评审的最低投标价法与国际招标的最低评标价法基本一致,可以用第一价格密封拍卖理论来分析,招标问题简化为信息不对称的静态博弈。我国已经加入世界贸易组织,工程建设必然要与国际惯例接轨。低价中标方法不仅在理论上具有先进性,而且经过世界上许多发达国家的实践,证明它在降低项目造价、控制各种合谋与寻租行为、选择有竞争力的承包人等方面具有明显的优势。

(2)符合市场经济规律,满足招标人追求利润最大化的期望。

市场经济的规则就是"自由竞争、优胜劣汰、风险自担"。经评审的最低投标价法以最低投标价作为中标的预期,适当地增加投标者的报价竞争,可以最大限度地降低投标报价,减少招标人日后的工程支出,提高投资效益。在市场经济条件下,招标人作为未来建设项目的所有者和招标行为的主动发起者,采用符合市场经济规律的方式选择承包人是大势所趋。

(3)评标方法简单易行,提高了评标的效率。

由于定标标准单一、清晰,因此简便易懂,符合我国现有评标专家库内的专家整体能力不是太强的实际情况。评标时仅考虑投标报价和招标文件规定的少量价外因素的量化,能最大限度地减少评标工作量,节约评标时间,提高评标工作效率。

(4)评标过程人为因素少,减少了评标专家权力寻租的可能性。

经评审的最低投标价法的评标标准都是可量化的指标,刚性很大。投标文件中的工期、质量、安全、业绩等其他柔性因素由投标企业按招标文件规定被动响应,难以确认或不易量化的因素在定标中不再考虑,这就极大地压缩了评标专家可操作的空间,评标专家发生权力寻租的概率几乎为零。

(5)符合"公平、公正、公开"原则,所有投标人一律平等。

经评审的最低投标价法将投标报价以及相关商务部分的偏差做必要的价格调整进行评审,即价格以外的有关因素折成货币或给予相应的加权计算,以确定最低评标价。招标人无需设置标底,即使有标底,也只能在评标时参考,而不能作为评标的依据。因此,投标人只需按照自己的成本估算和风险评估独立地进行投标报价,无需进行其他的公关活动。由于公平、公正,它也保护了未中标的投标人的正当权益。

(6)有利于引导施工企业加强内部管理,推动科技进步。

在采用经评审的最低投标价法的条件下,只有技术实力强大、施工成本最低的投标人才能通过竞争获得承包合同,并通过实施合同工程获得合理的利润回报;而实力弱、成本高的投标人不易中标,即使通过恶意降价取得中标,得到的也是风险、亏损甚至破产。因此,经评审的最低投标价法能给企业带来一定的外部压力,促使施工企业树立靠真本领在市场上竞争、自我经营、自我发展的意识,促使施工企业革新改造,注重技术进步,提高管理水平,降低个别成本,增加企业竞争力,适应市场经济优胜劣汰的竞争法则。

3.2.2　经评审的最低投标价法的风险

经评审的最低投标价法并不是最低投标价中标。按照《中华人民共和国标准施工招标文件》(2007 版,《标准施工招标文件》)的规定,它与国际招标的最低评标价法基本一致。一是要进行施工组织设计和项目管理机构的评审,从中发现疑问;二是在评标过程中,评标委员会针对投标文件的疑问可以书面形式要求投标人对提交的投标文件中不明确的内容进行书面澄清或说明,或者对细微偏差进行补正;三是要按照招标文件详细评审标准中规定的量化因素和量化标准进行价格折算,计算出评标价,评标价低者中标。

但是,一个有经验的投标人和承包人能够在投标文件中合理地处理价外因素的影响,不会因此而与其他投标人拉开距离。在评标实践中,由于量化因素的价格调整而改变投标报价顺序的情况发生的概率相对较低。因此,中标主要由投标报价确定,经评审的最低投标价法可以用一级价格密封拍卖理论来分析。

经评审的最低投标价法虽然杜绝了投标人与评标专家、招标代理和招标人工作人员的串标,降低了招标人部分风险,但投标人之间串标、围标等合谋的可能性还是存在的。同时,少数投标人中标心切,可能采取"低报价、高索赔"的策略,进行恶意降价。因此,在采用经评审的最低投标价法的条件下,招投标过程的博弈主要表现为投标人之间的博弈。

3.2.2.1 经评审的最低投标价法下投标人之间合谋的可能性分析

在没有合谋的情况下,一级价格密封招标的每个投标人只根据自己的预期、偏好、经验和成本等因素,理性地得出真实意愿的工程合理价格——保留成本,并不知道其他投标人的保留成本,但对其他投标人的保留成本有一个主观概率,故投标人之间存在"不完全的信息";各投标人是一次性的行为选择,投标人与招标人之间独立地做出各自的决定,是静态博弈。因此,一级价格密封招标是信息不对称的静态博弈。

当投标人之间存在合谋情况时,招投标中博弈的预期收益将会改变。

假设某单一不可分的招标项目采用经评审的最低投标价法进行公开招标,有 n 个理性的投标人参与投标。各投标人在正常竞争的情况下中标概率 $p_i(i=1,2,\cdots,n)$ 相等,即 $p_i=\dfrac{1}{n}$;中标人的收益为 R。当有 $m(m\leqslant n)$ 个投标人参与合谋时,合谋未被发现中标人的收益为 R' 并向陪标人支付酬金 R'';合谋被发现并查处的概率为 p',被发现后合谋中标人的损失为 D,陪标人的损失为 D'。这样,投标人选择是否参与合谋,将会有四种收益分配情况,收益矩阵见表3-2。

表3-2 投标人 A 和 B 期望收益矩阵

		投标人 B	
		不参与陪标	参与陪标
投标人 A	不组织合谋	$\dfrac{R}{n},\dfrac{R}{n}$	$0,(1-p')\dfrac{R''}{n-1}-p'D'$
	组织合谋	$(1-p')(R'-R'')-p'D,0$	$(1-p')(R'-R'')-p'D,$ $(1-p')\dfrac{R''}{n-1}-p'D'$

　　第一种情况是投标人 A 不组织合谋,投标人 B 不参与陪标。这时,所有投标人处于公平竞争状态,各投标人的期望收益是:

$$u = \frac{R}{n}$$

　　第二种情况是投标人 A 不组织合谋,投标人 B 参与陪标。这时,投标人 A 的期望收益 $u = 0$,投标人 B 的期望收益是:

$$u = (1 - p')\frac{R''}{n - 1} - p'D'$$

　　第三种情况是投标人 A 组织合谋,投标人 B 参与陪标。这时,投标人 B 将没有中标可能,其期望收益 $u = 0$,组织合谋的投标人 A 的期望收益是:

$$u = (1 - p')(R' - R'') - p'D$$

　　第四种情况是投标人 A 组织合谋,投标人 B 参与陪标。这时,组织合谋的投标人 A 的期望收益与第三种情况相同,即 $u = (1 - p')(R' - R'') - p'D$;投标人 B 的期望收益与第二种情况相同,其期望收益是:

$$u = (1 - p')\frac{R''}{n - 1} - p'D'$$

　　从表 3-2 的期望收益矩阵可以看出,只要条件 $(1 - p')(R' - R'') - p'D > \frac{R}{n}$ 成立,就有投标人组织合谋,即合谋是均衡策略。可以从以下几个方面分析该条件:①因为 $\frac{R}{n} > 0$,因此 $(1 - p')(R' - R'') - p'D > 0$ 是组织合谋的必要条件。该不等式可转换为 $D < \frac{(1 - p')}{p'}(R' - R'')$,说明对合谋现象发现后的处罚应足够大才能避免合谋的发生。而《招标投标法》规定的处罚金额只是中标金额的 5‰ ~ 10‰,对串标等合谋现象的遏阻作用太小。②当其他条件不变时,参与投标的投标人数量 n 越大,产生合谋的可能性越大。③组织合谋的成立条件不等式可转换为 $p' < \frac{R' - R'' - \dfrac{R}{n}}{R' - R'' + D}$,说明对合谋现象发现的概率必须足够大才能避免合谋的发生,因此应加大监察力度、提高办案效果,才能阻止合谋现象的发生。

　　从期望收益矩阵还可看出,当有投标人组织合谋时,只要 $(1 - p')\frac{R''}{n - 1} - p'D' > 0$ 成立,其他投标人就会选择陪标,即陪标是均衡策略。可以从以下几个方面分析该条件:①当其他条件不变时,参与投标的人数 n 越多,产生陪标的可能性越大。②成立条件可转换为 $p' < \dfrac{R''}{R'' + (n-1)D'}$，说明对合谋现象发现的概率必须足够大才能避免陪标的发生。③如参加投标的投标人为 10 个，中标金额为 C，设陪标人被发现后的损失（罚金）$D' = xC$，陪标人获得的陪标酬金 $R'' = kC$，则成立条件还可转换为 $p' < \dfrac{k}{k+9x}$，可得如图 3-2 所示的曲线。

从图 3-2 中可以得出，随着罚金系数 x 的逐渐增加，p' 曲线的斜率逐步降低，说明陪标人对被发现陪标可能性增加的心理负担逐步降低；特别是当罚金系数 $x < 2\%$ 时，增加罚金对投标人是否参与陪标影响较大。因此，建议修改《招标投标法》有关串标的处罚条款，将组织串标的处罚金额由中标金额的 5‰ ~ 10‰提高到 2% 以上。

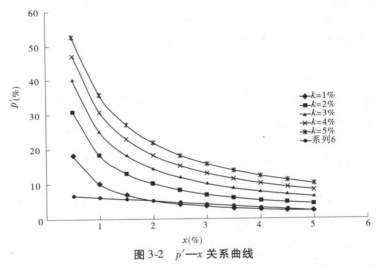

图 3-2 p'—x 关系曲线

综合以上分析，说明在采用经评审的最低投标价法时，投标人是否同谋与被发现的概率、被发现后的处罚等招投标的监督和约束机制有很大关系。该问题将在本书第 4 章重点研究。

3.2.2.2 经评审的最低投标价法下恶意降价的可能性分析

假设某单一不可分的招标项目采用经评审的最低投标价法进行公开招标，有 n 个投标人参与投标。各投标人中投标人 1 的成本最低，其按高价投标时的收益为 R，按低价投标时的收益为 R'。投标人 2 按正常报价投标时的收益为 R''，采取恶意降价策略时将损失 L，同时要承担风险期望值 D，但在合同实施期间有可能获得的索赔期望值是 C。这样，投标人 1 和投标人 2 将会有四种收益情况,收益矩阵见表 3-3。

表 3-3　投标人 1 和 2 的期望收益矩阵

投标人 1		投标人 2	
		正常报价	恶意降价
	高价投标	$pR,(1-p)R''$	$0,C-L-D$
	低价投标	$R',0$	$(1-p')R',p'(C-L-D)$

第一种情况是投标人 1 高价投标,投标人 2 正常报价。这时,所有投标人处于公平竞争状态,投标人 1 中标的概率为 p,期望收益则为 pR;投标人 2 的期望收益为 $(1-p)R''$。

第二种情况是投标人 1 高价投标,投标人 2 恶意降价。这时,投标人 1 没有中标的可能,期望收益则为 0;投标人 2 的期望收益为 $C-L-D$。

第三种情况是投标人 1 低价投标,投标人 2 正常报价。这时,投标人 2 没有中标的可能,期望收益为 0。投标人 1 的期望收益则为 R'。

第四种情况是投标人 1 低价投标,投标人 2 恶意降价。这时,投标人 2 中标的概率为 p',期望收益则为 $p'(C-L-D)$;投标人 1 的期望收益为 $(1-p')R'$。

从表 3-3 的期望收益矩阵可以看出,只要条件 $(C-L-D)>(1-p)R''$ 成立,投标人 2 就会采取恶意降价的策略。可以从以下几个方面分析该条件:①$(1-p)$ 和 R'' 都与投标人的成本有关;成本越大,投标收益 R'' 就越低,但中标的概率 $(1-p)$ 反而增加。两者之积可以理解为投标项目的社会平均盈利期望 R_0,这样恶意降价成立的条件可转变为 $C-D>R_0+L$。②恶意降价的直接损失 L 在报价时是已知不变量,因此 R_0+L 也是个不变常量。③正常情况下,工程施工过程中的索赔只与合同条件、现场条件、监理工程师的处理能力有关,与承包人的报价没有直接关系。因此,恶意降价成立条件主要与投标人对项目风险评估 D 有关。当投标人认为风险较大时,不会采取恶意降价方式;当投标人认为风险较小甚至不存在风险时,采取恶意降价方式将成为必然。该问题将在本书第 5 章重点研究。

3.2.3　经评审的最低投标价法推行困难的原因分析

按照《标准施工招标文件使用指南》的说明,经评审的最低投标价法适用于具有通用技术、性能标准或者招标人对其技术、性能标准没有特殊要求的招标项目。但经评审的最低投标价法的推行却遇到了困难。以南京市房屋建筑施工招标为例,2003 年、2004 年、2005 年、2006 年、2007 年采用经评审的最低投标价法的项目所占比例分别为 72%、62%、59%、52%、33%,呈逐年下降之势。2003 年厦门市开始推行经评审的最低投标价法,但 2009 年颁布的《厦门市建设工程施工招标投标采用经评审最低投标价中标法规定》(厦建建〔2009〕36 号)中,加入了平均报价的因素,改变了评标方法的实质,表明厦门市的评标方法已向合理低价法演变。由于水利水电工程的特点和高风险性,经评审的最低投标价法在我国水利水电工程中使用更少,在国内大型水利水电工程招投标中几乎没有使用经评审的最低投标价法的案例。

低价中标原则经过了国际上一百多年的实践检验,证明是一种有效的评标方法,但在我国却遇到了非常尴尬的境遇,招标人想用又害怕使用它,投标人也不欢迎它。经评审的最低投标价法具有符合国际惯例要求、满足招标人追求利润最大化的期望、提高评标的效率、减少评标专家权力寻租、符合"公平、公正、公开"原则、有利于推动科技进步等诸多优点,这也是国家立法推行它的根本原因。然而,经评审的最低投标价法仅有的合谋的可能和恶意降价的可能这两个缺点,却成了它的致命伤。究其原因,这是与中国的国情相联系的。国际上的低价中标是建立在一级价格密封招标的假设上的,而我国工程招投标的情况与此有较大的差异。

3.2.3.1　我国的市场经济机制还不完善

我国确立市场经济体制仅二十几年。与发达的市场经济国家相比,我国的市场经济机制很不完善,在法律、体制、机制、观念等方面还较大地受着计划经济的影响,市场经济的机制还在不断地完善中。我国的大型施工企业还是以国有控股为主,这些企业的运行还在受着政府部门的干预,还不是"自主经营、自负盈亏、自我发展、自担风险"的法人实体。

3.2.3.2　诚实信用意识淡薄

诚实信用是市场经济的基石。我国企业未能意识到诚实信用是企业的生命线。《招标投标法》规定"招标投标活动应当遵循公开、公平、公正和诚实信用的原则"。但"诚实信用"原则并未真正落实,这与我国尚未建立起来诚信体系和处罚机制有一定关系。在市场经济国家中,中标者如果蓄意违约、有违约或不良履行合同的行为记录,或者经民事判决有为了获得招标合同而进行诈骗等行为,将受到严厉的处罚。而我国处罚这些不良行为还缺乏相关的法律法规的依据。

3.2.3.3 招标人和投标人都不是风险中性的

我国实行市场经济时间较短,招标人多是政府机构的代理人,投标人也大多是国有企业,其市场意识还不强,都不是将期望收益最大化作为经营的根本目标的经济人。投标人的风险意识淡薄,往往只看到眼前的利益,不能对经营中的风险进行理性的预期,因而被动地成了风险规避型的投标人。招标人也未能采用保险、担保等风险分担方式保护自己的正当权益,防范工程风险、保障合同履约。

3.2.3.4 投标人都不具有独立的私人估价信息

我国现行的投资估算全部依赖行业或地方发布的建筑工程定额;造价人员接受的培训全部依赖定额;施工企业尚未建立起来自己的企业定额。因此,如果不出现失误,各投标人的成本估算基本是相同的。最低价报价不能完全体现投标企业的真实水平。

3.3 综合评估法

综合评估法是我国应用最广泛的百分制评标法。在招标文件的评标办法和标准中,将评标的内容分为商务部分、技术部分和综合部分,分别设置评标因素并确定评价因素所占的分值和评分标准。评标委员会在进行形式评审、资格评审、响应性评审的基础上,按照评分标准赋分,最后统计投标人的得分,得分最高者为中标人。按照《标准施工招标文件使用指南》的说明,综合评估法适用于招标人对招标项目的技术、性能有特殊要求的招标项目。

3.3.1 综合评估法的优缺点

与经评审的最低投标价法相比,综合评估法的优缺点见表3-4。

表3-4 综合评估法和经评审的最低投标价法的比较

项目	综合评估法		经评审的最低投标价法	
	优点	缺点	优点	缺点
定标依据	综合考虑报价、工期、质量等因素			主要考虑报价因素

续表 3-4

项目	综合评估法		经评审的最低投标价法	
	优点	缺点	优点	缺点
客观性		主观因素较多	客观性强	
透明度		主观因素评标标准不易量化	透明度高	
竞争性		竞争不充分,中标价格偏高	竞争充分,对招标人有利	
可操作性		可操作性差,对评标专家要求较高	可操作性好,对评标专家要求相对较低	
科学性	考虑各种因素	各因素的权重随意性较大	以一级价格密封拍卖理论为依据	
通用性		一般适用国内复杂工程	国际通用	
风险度	考虑了能力、质量、工期等风险			不考虑风险因素
防合谋作用		易产生招标人(代理机构)权力寻租	可防止招标人(代理机构)权力寻租	
运用效果	受到广泛使用			国内运用效果不佳,易出现恶意低价中标

3.3.2 综合评估法的报价评审标准分析

采用综合评估法的评标通常分为资信部分、商务部分、技术部分和综合部分。一般商务部分的分值较高,技术部分的分值较低,资信部分和综合部分的分值最低。报价评审是综合评估法商务评审的最重要内容,其评审标准反映了招标人的价格取向,对投标人的投标决策影响很大。采用综合评估法的招标人一般采用标底作为评定报价得分的依据。一般报价得分按标底下浮一定的系数 γ 为评标基准价或最优报价,得满分;高于和低于评标基准价一定比例扣减相应的分数。

狭义地讲,标底是招标人编制的价格预期值,具有客观性、经济性、唯一性和保密性等特点。招标人编制的标底需一直保密,直到开标前才向投标人公布。由于标底对投标人中标影响最大,于是投标人总是要千方百计地提前套取标底,这使得标底的保密非常困难。标底的出现使招标人承担了巨大的保密风险,投标人与招标人合谋套取标底的情况时有发生,综合评估法也因此饱受诟病。在此情况下,为了降低标底的作用、减轻保密责任,招标人发明了 AB 标底,也称为复合标底。

复合标底就是将招标人组织编制的标底作为 A 标底,将所有投标人有效报价的平均值作为 B 标底,然后按照一定的权重得到 A 标底和 B 标底的加权平均值。由于加入了平均报价的因素,并且有了权重的影响,复合标底将原来由招标人单独确定改为由招标人和所有投标人共同确定,直到开标全部结束才能确定复合标底的数值。现对复合标底对投标报价和评标的影响进行分析。

3.3.2.1　假设

招标人采用综合评估法和 AB 标底招标单一不可分的项目施工,评标标准为得最高分者中标,最优报价为在 AB 标底的基础上乘以下浮系数 γ;A 为招标人标底,其权重为 α。有 n 个投标人,技术水平基本接近,其分值差异可忽略不计;B 为投标人有效报价的平均值,C 为其保留成本,其预期利润 $P >$ 0。复合标底为:

$$B_0 = \alpha A + (1 - \alpha)B \tag{3-3}$$

因复合标底的具体数值取决于 A 标底和其他投标人报价,复合标底招标是招标人与投标人以及投标人与投标人之间的多重博弈。

3.3.2.2　建立模型

投标人最优报价 b 是在其对估价成本、期望利润、根据投标经验模拟 A 标底和复合标底、其他投标人有效平均报价等因素综合考虑之后做出决策的问题,为有约束条件的最优化问题,即 $b = f\{A, B, B_0, C, P\}$,则:

$$b = \gamma B_0 = \gamma[\alpha A + (1 - \alpha)B] \tag{3-4}$$

3.3.2.3 **模型求解**

经过多次博弈分析,理性投标人的最优投标报价总是向着最贴近复合标底的最优分值点靠近。因此,b 与 B 的关系是一次次拟合的关系,$b_{j+1} = f(b_j)(j = 1,2,3,\cdots)$,即:

$$b_{j+1} = f(b_j) = \gamma[\alpha A + (1 - \alpha)B_j] \tag{3-5}$$

以招标人标底 A 进行初始复合计算,则:

$$b_1 = \gamma A$$
$$b_2 = \gamma[\alpha A + (1 - \alpha)\gamma A]$$
$$\vdots$$

$$b_{j+1} = \gamma[\alpha A + (1 - \alpha)b_j] = \gamma[\alpha + \gamma(1 - \alpha) + \cdots + \gamma^m(1 - \alpha)^m]A \tag{3-6}$$

设 $f(b) = b_{j+1} - b_j = \gamma^m(1 - \alpha)^m A$,因为 $\gamma < 1$,且 $(1 - \alpha) < 1$,当 $m \to \infty$ 时则有 $b_{j+1} = b_j$,即:

$$b^* = b_{j+1} = b_j = \gamma[\alpha A + (1 - \alpha)b_j]$$

$$b^* = \frac{\gamma\alpha A}{1 - \gamma(1 - \alpha)} \tag{3-7}$$

3.3.2.4 **结论**

由式(3-7)可知,最终投标报价的最优解与评标办法规定的下浮系数 γ、招标人标底 A 及其权重 α 有关。通过以上分析可以看出,虽然复合标底增加了平均报价的因素,但影响报价的主要因素还是招标人标底 A 及其权重 α,因此投标人的策略是获得招标人的标底。采用复合标底时的保密工作仍然受到严重挑战,由此会引发招投标过程的合谋、串标等失范现象。

3.4 评标方法对合谋的影响

3.4.1 产生合谋的条件

假设投标人 A 和 B 参与一个施工项目的招投标,目的都是中标;无论采用哪种评标方法,双方都有诚信和合谋两种行为决策,其博弈关系见表 3-5。

假如参与人都选择诚信战略,博弈双方均需成本为 c,中标概率均为 $p\%$,定量 p 为单位的收益。若一方行为失范参与合谋,诚信方成本仍为 c,中标概率为 $m\%$,即收益为 m;合谋者成本为 $c'(c' > c)$,中标概率为 $n\%$,即收益为 n,$n > p > m$,$n - c' \gg m - c$。若 A 和 B 都选择合谋战略,双方成本均为 c',收益

仍为 p。

表 3-5　投标人 A 和 B 的收益矩阵

投标人 A	投标人 B	
	诚信	合谋
诚信	$p-c, p-c$	$m-c, n-c'$
合谋	$n-c', m-c$	$p-c', p-c'$

假设 A 选择诚信战略,B 的最优战略为合谋,因为 B 合谋获得的收益 $n-c'$ 高于诚实获得的收益 $p-c$;同样,假设 A 选择合谋战略,B 的最优战略也是合谋,因为 B 合谋获得的收益 $p-c'$ 高于诚信获得的收益 $m-c$。因此,合谋就是 B 的占优战略。同理,A 的占优战略也是合谋。表 3-5 中支付矩阵的纳什均衡为(合谋,合谋)。

从以上分析可得,只要 $n-c' > p-c$,或 $p-c' > m-c$,即 $c'-c < n-p = p-m$ 条件成立,也就是说当合谋增加的成本小于中标增加的收益时合谋就会产生。

3.4.2　综合评估法产生合谋的情况分析

综合评估法存在以下几种合谋的情况:①当存在标底时,采取与招标人某个工作人员合谋获取标底,这样合谋成本最小,中标收益非常大;②投标人较少时,投标人采用围标的策略,中标的概率为 100% 且中标价由投标人确定,也可获得较低成本的合谋收益;③在投标人较多时,最低成本的合谋是与多数评标专家串标,中标的可能性也很大;④在投标人较多时,投标人在成本承受范围内进行串标,增加中标的可能性,但不一定中标。

3.4.3　经评审的最低报价法产生合谋的情况分析

采用经评审的最低投标价法时,招标人、招标代理和评标专家对评标结果几乎没有影响,因此只有以下两种投标人之间的合谋:①投标人较少时,投标人采用围标的策略,中标的概率为 100% 且中标价由投标人确定,合谋收益达到极限,合谋的成本增加却有限;②投标人较多时,投标人在成本承受范围内进行串标,增加中标的可能性,但不一定中标。

从以上的分析对比中可以得出如下结论:经评审的最低投标价法与综合评估法相比,在抵抗围标、串标等合谋现象方面有较强的抑制作用。

3.4.4 非正常报价的简易判断法

招投标中的非正常报价,包括围标、串标、恶意降价,都会在投标报价中反映出来。合谋现象在报价中常显现出一定的规律。根据这些规律和评标经验,可对非正常报价进行简易的初步判断。

在正常情况下,投标报价中最低的三个报价是市场中有实力和竞争力的报价,反映了市场中的先进价格水平。因此,可以将投标报价中最高的三个报价的算术平均值称为先进报价。但是,经评审的最低投标价下的恶意降价和完全围标的围标价也常在最低的三个投标报价中做文章。

同样,投标报价中最高的三个报价是市场中实力低和缺乏竞争力的报价,反映了市场中的落后价格水平。因此,可以将投标报价中最高的三个报价的算术平均值称为落后报价。但是,综合评估法采用平均投标价作为评分标准因素时,围标人常在最高的三个投标报价中做手脚,以抬升中标价格。

根据一般的评标经验判断:如果最低投标价低于先进报价15%以上,可初步判定为恶意降价;如果出现落后报价高于先进报价20%以上的"翘尾巴"现象,且按照评标标准计算的最优投标报价高于先进报价10%以上,就有通过围标抬升标价的可能;如果最低的三个投标报价表现出一定的规律,如较接近并呈等差分布,则有完全围标的可能;如最优投标报价附近的几个报价呈现较接近且等差分布的规律,则是投标人之间串标的标志。

初步判定为不正常报价的投标文件需从投标文件中寻找围标、串标和恶意降价的直接证据进行确认。经确认的,可按照招标文件的规定作为废标处理。

3.5 综合评估法的改进建议

针对国内招投标采用综合评估法存在的定性评价因素多、可操作性差、易产生投标人和招标人之间的合谋等缺点,根据本书前述博弈关系的分析研究成果,本书对综合评估法提出如下改进建议。

3.5.1 招标准备工作的改进

参照国际招标的成熟经验,为了明确招标文件涉及的关键技术问题,并为定性评价标准提供依据,招标人应认真进行招标策划,委托有关咨询单位编制招标项目的《施工规划报告》。报告一般分施工条件、分标方案、招标人提供的条件、主要施工方案、施工交通及辅助工厂、施工总平面布置、施工总进度、施工技术规范及技术标准等部分。其中,分标方案应拟定数个方案,从标段大小、工序类别和衔接、施工干扰、施工布置等方面进行比较,最终推荐分标方案。《施工规划报告》需通过国内有关专家的评审进行定稿,作为编制招标文件的依据。如招标设置标底,还需根据《施工规划报告》编制工程实施概算。

3.5.2　报价评审标准的改进

为了避免投标人与招标人之间的合谋,采用综合评估法时应进行无标底招标。为了保护招标人的权益,可设置最高投标限价。评标基准价为最高投标限价与投标报价平均值的加权平均值。投标报价等于评标基准价时为满分,高于或低于评标基准价的投标报价按偏离的百分比进行适当的扣减。这样,低于最高投标限价一定比例的报价将是最优报价,既避免了投标人套取标底而产生的合谋,也使得陪标失去了意义,降低了投标人之间串标的可能性。

3.5.3　商务评审赋分比重的改进

综合评估法的评标标准分资信评审、技术评审、商务评审和总体评审四个部分。一般资信评审和总体评审为固定分值,均为 10 分。在其余的 80 分中,商务评审的比重决定着投标报价竞争的程度。建议施工难度大、风险高的项目减小商务评审的分值,相应增加技术评审的分值,以降低中标价格的风险;施工难度小、风险低的项目应加大商务评审的分值,相应减小技术评审的分值,以提高中标价格的竞争性,增加招标人的收益。

3.5.4　定性评审项目赋分标准的改进

综合评估法中的技术评审项目,包括施工方案、工程进度、施工质量、安全等内容,都是定性评审项目,评分标准不易量化,一般由评标专家根据经验进行定性评审。定性评审项目的赋分分值更是难以确定。一般采用借鉴其他工程的方法,但各个工程的条件和实际情况千差万别,不太科学;也有根据招标人的经验确定的,随意性较大。这些确定定性评价项目赋分权重的方法有以下弊端:①由于权重的随意性,工程的重点问题被弱化,导致评标结果的逆向选择;②一般项目被赋予高权重后会导致项目得分趋同,并挤占重要项目拉开分值的空间;③部分分值偏高的项目会使投标人钻空子,以较小的技术投入换取较高的投标报价;④投标人利用部分分值较低的项目,故意降低标准,为施工过程中的索赔创造机会。

因为定性评审项目的总分值较大,直接影响着评标结果,因此科学确定定性评价项目分值权重是合理使用综合评估法的一个关键。科学确定定性评价项目分值权重可采用层次分析法和经济比较法。

层次分析法是用于处理有限个方案的多目标决策方法,简称为 AHP 法。其基本思路是把复杂问题分解为若干层次,在最低层次通过两两对比得出各因素的权重,通过由低到高的层层分析计算,计算出各方案对总目标的权重。用层次分析法确定定性评价项目分值权重的步骤如下。

第一步:建立层次结构模型。根据定性评价项目涉及的因素及因素之间的相互关系,将项目层次分为总目标层、分目标层和方案层。

第二步:构建判断矩阵。

第三步:求解判断矩阵的特征向量,检验判断矩阵的一致性。

第四步:确定各层次排序加权值。

第五步:得出层次权重及总排序。

由于层次分析法需拟定较多方案,计算复杂,实践中可采用对重要的定性评价项目进行经济比较的方法。其步骤是:①根据投标项目总报价估算值 P 和投标报价的总分值 N,计算出每分值的经济指标 $p = \dfrac{P}{N}$。②估算定性评审项目的经济当量值。例如,施工方案按照每提高一个等级需投入的资源成本 S 作为其经济当量;质量按照每提高一个等级需投入的施工成本 Q 作为其经济当量;进度按照每提高一个等级需投入的资源成本 T 作为其经济当量。③根据定性评审项目的经济当量,确定其级差分值。例如,$\Delta n_S = \dfrac{S}{p}$;$\Delta n_Q = \dfrac{Q}{p}$;$\Delta n_T = \dfrac{T}{p}$。④根据定性评审项目的级差分值和预设的级别数的乘积,最终确定定性评审项目的分值。

3.5.5 合同文件组成的改进

综合评估法的评审建立在投标人在投标文件的所有承诺都将在合同实施过程中严格兑现的基础上。但事实上,投标人中标后往往项目经理换人了,施工方法改变了,质量没有保证了,工期拖延了,甚至施工队伍也是挂靠的。招标人除了合同价格还能控制之外,其他评标因素在合同实施过程中都成为一纸空文。因此,综合评估法的最大风险还是投标人的诚信问题,它使得综合评估法成为理论上的完美办法。

产生这一问题的原因与我国执行的《标准施工招标文件》的规定有关。按照《标准施工招标文件》中通用合同条款 1.4 款的规定,组成合同的文件仅包含投标文件的投标函及其附录。投标文件并不是合同文件的组成部分,但它包含了投标人关于施工方法、资源投入、安全措施等许多承诺。根据合同成立的原则,投标人的投标文件是要约,中标通知书是承诺。因此,投标文件应成为合同的组成部分。这样,当承包人违反承诺并对工程造成不利影响时,发包人就有依据追究承包人的违约行为。因此,建议《标准施工招标文件》今后修订时,将投标文件纳入到合同文件组成部分。

3.6 应用举例

3.6.1 西霞院反调节水库简介

西霞院反调节水库是黄河小浪底水利枢纽的配套工程。工程位于河南省洛阳市以北的黄河干流上,上距小浪底水利枢纽 16 km。开发任务是以反调节为主,结合发电,兼顾灌溉、供水等综合利用。西霞院反调节水库对于充分发挥小浪底水利枢纽综合效益,具有不可替代的作用。

西霞院电站设有 4 台 3.5 万 kW 轴流转桨式水轮发电机组,总装机容量 14 万 kW,多年平均发电量 5.83 亿 kWh。水库建成后,可以为下游增加灌溉面积 7.59 万 hm^2,每年向附近城镇供水 1 亿 m^3。西霞院大坝长度 3 122 m,是黄河上最长的大坝。该工程概算总投资 21 亿元,从 2003 年 1 月开始施工准备,2004 年 1 月主体工程正式开工建设,2006 年 11 月截流,2007 年 6 月首台机组发电,2008 年 1 月全部并网发电,2011 年 3 月通过竣工验收。

3.6.2 西霞院反调节水库招标采取的措施和效果

西霞院反调节水库主体工程施工招标遵循《招标投标法》《工程建设项目招标范围和规模标准规定》《水利工程建设项目招标投标管理办法》等相关法律法规的有关规定,委托小浪底工程咨询有限公司作为招标代理机构组织公开招标工作。

西霞院反调节水库的建成投产关系着小浪底水利枢纽工程巨大的发电效益,按期、保质完成西霞院反调节水库的建设任务是招标人的首要关切。西霞院反调节水库于 2003 年至 2005 年分三次招标,这时《招标投标法》颁布不久,国内大型水利水电工程实施招标投标法的经验不多,国内招投标中主要存在投标人与招标人串通获取中标、招标人暗箱操作等现象。同时,也存在着较严重的过度竞争的问题。为了解决这些问题,西霞院反调节水库工程的招标坚持互利共赢、控制建设风险的原则,采用按本书建议改进后的综合评估法作为主体工程招标的评标方法,避免了采用经评审的最低投标价法可能带来的恶意降价和施工过程中的各种风险,同时也基本避免了采用综合评估法时投标人与招标人串标、围标抬升中标价的可能风险,验证了本书提出的改进后的综合评估法的合理性和实用性。西霞院反调节水库工程招标时采用按本书建议改进后的综合评估法的主要做法如下。

3.6.2.1 认真进行招标策划

2003 年 12 月设计单位编制了《西霞院反调节水库施工规划报告》并通过了国内专家的评审。报告分为施工条件、工程分标方案、业主提供条件、施工导流、主体工程施工、施工交通运输、施工工厂设施、施工总布置、施工总进度、施工技术规范和技术标准共十章。报告拟定了 8 个土建标分标方案,并进行了综合比较分析。最终选定的分标方案为:混凝土建筑物基础开挖工程(一标)、土石坝坝基基础处理工程(二标)、土石坝填筑工程(三标)、混凝土建筑物施工工程(四标)和机电安装工程(五标)。合理的分标方案、明确的标段工作内容、清晰的标段界限,保证了工程标段之间的顺利衔接,为西霞院反调节水库按期截流和发电提供了基础保证。

3.6.2.2 严格进行资格预审

西霞院反调节水库通过在公开媒体发布招标公告邀请潜在投标人参与资格预审。2003 年 8 月进行混凝土建筑物基础开挖工程(一标)、土石坝坝基基础处理工程(二标)资格预审,10 家单位通过一标资格预审,6 家单位通过二标资格预审;2004 年 1 月进行土石坝填筑工程(三标)、混凝土建筑物施工工程(四标)资格预审,10 家单位通过三标资格预审,9 家单位通过四标资格预审;2005 年 4 月进行机电安装工程(五标)资格预审,10 家单位通过五标资格预审。

在通过资格预审的单位中,近一半是小浪底水利枢纽工程的施工单位或分包商。这些施工单位或分包商已完成了小浪底工程的施工任务,但尚未退场,都有兴趣参加较近的西霞院反调节水库的施工招投标。

3.6.2.3 采用无标底招标

投标人和招标人之间串标的主要手段就是套取标底。为了防止投标人和招标人之间的串标,西霞院反调节水库在行业内首先采用无标底招标,既防止了招标人的权力寻租,也解决了标底的保密问题。

西霞院反调节水库招标商务部分的评标基准价为所有投标人的投标报价去掉最高报价和最低报价后的投标报价的算术平均值的 97% ,评标赋分标准为:当投标人的投标价等于评标基准价时得满分,每高于评标基准价一个百分点扣 1 分,每低于评标基准价两个百分点扣 1 分,直至扣完本部分赋分值为止,扣分基本单位为 1 分。由于最优报价只是静态的一个点,很难把握,因此投标人一般会选择次优报价,即比平均报价低两个百分点之内。所以,该评分标准鼓励中等偏下的价格。西霞院反调节水库主体工程施工的投标报价情况见表 3-6。

表 3-6　西霞院反调节水库投标报价情况表　（单位:万元）

一标		二标		三标		四标		五标	
投标人	报价	投标人	报价	投标人	报价	投标人	报价	投标人	报价
A1	3 756.24	B1	5 226.25	C1	5 382.57	D1	20 850.85	E1	6 602.93
A2	4 393.19	B2	5 681.13	C2	5 443.50	D2	22 747.43	E2	6 893.46
A3	4 777.68	B3	6 258.47	C3	5 600.62	D3	23 986.42	E3	6 933.08
A4	4 864.35	B4	6 414.96	C4	5 826.67	D4	24 321.23	E4	7 593.37
A5	4 917.28	B5	6 500.55	C5	5 946.40	D5	24 766.04	E5	7 791.46
A6	4 935.87	B6	6 845.37	C6	6 010.65	D6	24 890.36	E6	8 253.66
A7	5 011.47			C7	6 102.99	D7	24 900.26		
A8	5 384.00			C8	6 224.50	D8	25 230.39		
A9	5 463.56			C9	6 625.26	D9	26 909.07		
A10	5 627.51			C10	6 696.65				
基准价	4 578.40	基准价	5 532.00	基准价	5 793.39	基准价	23 673.84	基准价	7 083.75

根据评标委员会推荐的中标候选人顺序,招标人最终选择了 A2 为混凝土建筑物基础开挖工程(一标)的中标单位,B3 为土石坝坝基基础处理工程(二标)的中标单位,C4 为土石坝填筑工程(三标)的中标单位,D4 为混凝土建筑物施工工程(四标)的中标单位,E3 为机电安装工程(五标)的中标单位。其中,一标为次低价中标,其余标段为中等偏下价格中标。

从实际中标情况看,除三标和四标为小浪底水利枢纽工程的施工单位中标外,其他标段的中标单位都是新进入的施工单位,证明西霞院反调节水库的无标底公开招标是公平的,有效防止了招标人权力寻租现象。

西霞院反调节水库的招标未采用最高投标限价来防止投标人围标。但因为小浪底水利枢纽工程施工单位的存在,客观上起到了预防围标的作用。由于每次招标标段较少,不存在串通瓜分市场的可能性;他们都有意中标,相互串标的可能性较小。因为他们的存在,其他投标人也不可能完全围标。

3.6.2.4 科学调整商务部分的分值比重

根据各标段的技术难度、复杂程度和风险度,西霞院反调节水库招标过程中,对商务部分和技术部分的分值进行适当的调整,以避免复杂标段的中标价格风险。混凝土建筑物基础开挖工程(一标)的施工工序单一、风险较小,技术部分分值为 35 分,商务部分分值为 45 分,以增加标价的竞争性;土石坝填筑工程(三标)和机电安装工程(五标)的技术难度一般、风险中等,技术部分和商务部分均为 40 分;土石坝坝基基础处理工程(二标)、混凝土建筑物施工工程(四标)的施工难度高、风险较大,技术部分分值为 45 分,商务部分分值为 35 分,以便选择有实力的承包人。

从各标中标价格与各自先进报价的比例来看,一标中标价比先进报价高 2.0%,三标和五标的中标价比先进报价高 6.4% 和 1.8%,二标和四标的中标价比先进报价高 9.4% 和 8.0 %,基本上达到了通过调整商务评审的分值比重调整投标报价的竞争程度的效果。

按照非正常报价的简易判断法进行判断,二标的中标价与先进报价的比例接近 10% 的临界值,有围标的嫌疑,但其落后报价仅比先进报价高 15.1%,远未到达 20% 的临界值。因此,该工程施工招标基本可以排除投标人围标抬升标价的可能性。

但是,一标的落后报价比先进报价高 27.4%,有投标人串标的嫌疑,只是因技术评审得分较低未能中标。

3.6.2.5 量化定性评价项目的赋分标准

西霞院反调节水库招标对于不易定量评价的评标因素采用分级的方式,不同级别赋予规定的分值。根据项目权重的不同,一般分为 3 ~ 4 级。

西霞院反调节水库编制招标文件时,采用经济对比法确定定性评价项目的分值权重。例如,预计混凝土施工工程标的投标报价每分折合投资 650 万元,其施工质量与采用的模板系统有很大关系,质量每提高一个等级需投入相应的模板系统费用约 1 200 万元,因此质量和安全的等级分差定为 2 分。西霞院反调节水库混凝土施工工程标的评标标准详见表 3-7。

表 3-7　西霞院反调节水库混凝土建筑物施工工程（四标）评标标准

序号	项目	评审内容	赋分原则	最高分值
一	技术评审		分项分值之和	45
1	施工布置	投标文件第三章	A级4分；B级2分；C级1分	4
2	施工进度	投标文件第四章	A级7分；B级4分；C级1分	7
3	施工组织和资源配置	投标文件第五章及附表	A级12分；B级9分；C级6分；D级3分	12
4	施工方法和技术措施	投标文件第六章	A级12分；B级9分；C级6分；D级3分	12
5	质量管理和安全措施	投标文件第七、八章	A级6分；B级4分；C级2分	6
6	环境保护和文明施工	投标文件第九章	A级2分；B级1分；C级0分	2
7	信息管理	投标文件第十章	A级2分；B级1分；C级0分	2
二	资信评审		分项分值之和	10
1	资质和资格	法人地位、资格证书	符合要求1分	1
2	施工经历	五年内同等规模工程	三项以上2分；一项以上1分	2
3	施工业绩	业主评价、质量评价	A级3分；B级2分；C级1分	3
4	获奖情况	五年内省部级以上获奖	四项以上2分；一项以上1分	2
5	财务状况	财务报表	A级1分；B级0.5分；C级0分	1
6	信誉和诉讼	投标和评委掌握情况	A级1分；B级0.5分；C级0分	1
三	报价评审		分项分值之和	35
1	报价水平	投标总报价	按投标须知	25
2	基础单价	单价分析表	合理2分；较合理1分；不合理0分	2
3	定额水平	单价分析表	合理2分；较合理1分；不合理0分	2
4	取费标准	单价分析表	合理2分；较合理1分；不合理0分	2
5	报价漏项	分组工程量清单等	无漏项3分；一般漏项1分；有重大漏项0分	3
6	计日工	计日工表	合理1分；较合理0.5分；不合理0分	1
四	综合评审		分项分值之和	10
1	对招标文件的理解和响应	投标文件		3
2	报价和技术方案的一致性	投标文件		3
3	风险性评审	不确定性和潜在索赔		2
4	整体评审	投标文件		2

3.6.2.6 完善合同文件组成

为了确保投标人在投标文件中的承诺在施工过程中兑现,西霞院反调节水库的招标文件的专用合同条款修改了通用合同条款 1.4 款的规定,将投标文件纳入合同文件。

总体来说,由于项目分标合理、通过资格预审把关和设置合适的评分标准,西霞院反调节水库招标过程中没有发现围标、串标行为,项目竞争适当,中标价格多为中等偏下,中标单位按期完成了工程任务并顺利进行了竣工验收,验证了本书提出的综合评估法改进建议的合理性和实用性。

3.7 本章小结

本章采用博弈论方法分别分析了经评审的最低投标价法和综合评估法的均衡条件,对比分析了两种方法的优缺点、对合谋的影响和存在的主要风险与问题,并对经评审的最低投标价法和综合评估法提出了相应的若干改进建议。主要研究结论如下:

(1)经评审的最低投标价法的优点有符合国际惯例、招标人的期望、方法简单易行、减少人为因素造成的权力寻租、投标人一律平等、推动科技进步等。经评审的最低投标价法推行困难的原因是:①我国的市场经济机制还不完善;②诚实信用意识淡薄;③招标人和投标人都不是风险中性的;④投标人都不具有独立的私人估价信息。

(2)经评审的最低投标价法虽然杜绝了投标人与评标专家、招标代理和招标人工作人员的串标,降低了招标人的部分风险,但仍存在投标人之间串标、围标等合谋的可能性及投标人进行恶意降价的可能性。

(3)经博弈模型分析,采用经评审的最低投标价法时投标人组织围标的条件是 $(1-p')(R'-R'')-p'D>\dfrac{R}{n}$ 成立。经评审的最低投标价法投标人参与陪标的条件是 $(1-p')\dfrac{R''}{n-1}-p'D'>0$ 成立。这说明围标等合谋现象的发生与被发现的概率 p' 和发现后的惩罚力度 D' 等招投标监督和约束机制有关。建议今后加大招投标监察力度以增大围标、陪标等合谋现象被发现的概率,同时强化合谋现象被发现后的处罚力度,控制投标人数量,以避免围标、串标等合谋现象的发生;同时建议《招标投标法》今后修订时,修改串标的处罚条款,将组织串标的处罚金额由中标金额的 5‰~10‰ 提高到 2% 以上。

（4）经博弈模型分析,采用经评审的最低投标价法时投标人恶意降价的条件是 $(C-L-D)>(1-p)R''$ 成立。这说明恶意降价现象与投标人对项目风险的评估 D 有关。当投标人认为风险较大时不会采取恶意降价方式。

（5）针对国内目前广泛采用的综合评估法存在的主要问题,本书建议从招标准备工作、报价评审标准、商务评审赋分比重、定性评审项目赋分标准、合同文件组成等方面对综合评估法进行改进。按本书建议改进后的综合评估法已在西霞院反调节水库工程招标中得到成功应用,并验证了本书提出的综合评估法改进建议的合理性和实用性。

（6）经分析产生合谋的条件,说明经评审的最低投标价法下的合谋现象有 2 种形式,综合评估法下的合谋现象有 4 种形式。经评审的最低投标价法与综合评估法相比,在抵抗围标、串标等合谋现象方面有较强的抑制作用。

第4章 招投标约束机制研究

4.1 概 述

本书第3章分析了经评审的最低投标价法具有众多优点。但经评审的最低投标价法得势不得分,其应用和推广情况并不乐观,主要原因之一是存在合谋的可能性。经建立博弈模型分析,在采用经评审的最低投标价法时,投标人的合谋与被发现的概率和处罚程度等招投标的监督和约束机制有很大关系。因此,研究招投标的约束机制很有必要。本章的研究重点是如何建立招投标约束机制,防止和杜绝经评审的最低投标价法下的围标现象,也就是放宽IPVM拍卖模型"投标人具有独立私人估价信息"假设后的应对措施。

4.1.1 约束机制的概念

约束和自由是相伴存在的。自由必须在约束允许的范围内进行,没有约束的自由是没有保障的自由,最终将是不自由的。市场经济是自由竞争的经济,没有规则约束的市场经济是无序、混乱的经济。

约束机制就是管理者依据法律法规、价值取向和文化环境等,对管理对象的行为从物质、精神等方面进行制约和束缚,以使管理对象行为收敛或改变的机制。它包括约束主体、客体、方法、目标和环境条件等五个基本要素。

4.1.2 约束机制与制度的关系

从招投标约束机制定义可以看出,约束机制与制度的关系非常密切。

国内外的经济学家对于制度的理解各不相同。凡勃伦(Veblen)认为,制度是社会共同体内普遍形成的惯性思维和行为,惯性思维是生活习惯的产物,无论日常生活的规律是否直接受到个人教育的影响,制度都会改变和强化对人们生活的影响。诺斯(North)认为,制度是人为制定的约束,用于规范人们之间的相互行为,它由正式约束(条例、法律、宪法)和非正式约束(行为准则、习惯、自我限定的行为准则)及其实施特征构成,并用博弈规则比喻制度;他还认为,一些经济体采用另一经济体的正式规则,却表现出完全不一样的经济绩效,这是因为这些经济体有着不同的非正式习俗和实施方式。青木昌彦(Aoki)认为,制度是具有共同信念的博弈方如何进行博弈的一个自我维系系统,它以一种自我实施的方式制约着参与人策略性互动;不同制度以竞争或者互补的方式相互作用,国家制度将逐步适应全球化和技术性的变化,但这种适应将具有路径依赖性特征;成文法律和法规如果没人遵守的话就不构成制度,如果人们贿赂海关人员绕开法令是有效率的,并且这是一种普遍现象的话,那么与其将法令视为制度,还不如将贿赂现象视为制度更合适。霍奇逊(M. Hodgson)认为,制度是一套已确立并深入人心的社会规则和惯例的持久的体系。法耶罗(Fallero)认为,惯例是一种特殊类型的规则,具有任意性特点,大多与法律无关。

4.1.3　约束机制的构成

招投标的约束机制可定义为:制度和习惯对招投标参与者的制约和束缚作用过程。

按照约束的来源可将招投标的约束分为正式制度约束、非正式制度约束和非制度约束。按照约束形成的机理,约束机制可以分为外生性约束机制和内生性约束机制两种。外生性约束机制是招投标运行外部形成的,体现的是"人的意志",如法律法规等外部正式制度的约束;内生性约束机制是招投标运行过程中自然形成的,体现的是"市场的逻辑"。

因此,招投标约束机制就是正式制度约束、非正式制度约束和非制度约束对招标人、投标人和其他参与人的资格及招投标行为的制约和束缚,以控制招投标结果的机制,如图 4-1 所示。

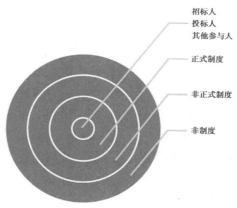

图 4-1　招投标约束机制

4.2 我国招投标的法律制度约束(外生性约束机制)

4.2.1 招投标的法理基础

招标投标的目的在于选择中标人并与之签订合同。从法学原理分析,绝大部分招投标活动属于民事活动,涉及民法原理特别是合同法的适用。招标投标是一种竞争缔约方式,将竞争机制引入订立合同过程,使合同订立更公平、有效。此外,招投标作为一种特殊的缔约方式,其民事行为需接受行政管理部门的监督,产生相应的行政关系。招标人、投标人、招标代理、评标委员会等民事主体如不执行有关规定,行政管理部门有权对其进行行政处罚。

(1)招标人发出招标公告的法律性质是要约邀请。

要约邀请是希望他人向自己发出要约的意思表示。按照合同订立的一般原理,建设工程招标人发布招标公告的目的在于邀请投标人投标,投标人投标之后并不一定会订立合同。因此,招标行为仅是要约邀请,属于事实行为,无法律意义。招标人可以修改招标公告和招标文件。在招标实践中,各国政府采购规则都允许对投标文件进行澄清和修改。但为实现采购的效率与公平,招标文件的修改应遵循一些基本原则,如修改应在投标有效期内进行,应向所有投标人提供相同的修改信息,并不得在此过程中对投标人造成歧视等。

招标的要约邀请与一般的要约邀请相比,具有很大的特殊性:一是招标文件的内容相对明确、稳定;二是招标文件对招标人和投标人都有一定的约束力。

(2)投标人递交的投标书的法律性质是要约。

要约是希望与他人订立合同的意思表示,该意思表示应当内容具体确定,并需表明经受要约人承诺,要约人即受该意思表示约束。

投标文件中包含合同的具体条款和价格,只要招标人承诺即可签订合同。作为要约的投标行为具有法律约束力,受《合同法》关于要约效力的约束,在投标有效期内该要约为不可撤销要约,投标人不得修改投标文件的内容和撤回投标文件,否则将承担相应的法律责任。

(3)招标人发出的中标通知书的法律性质为承诺。

在确定中标结果和签订合同前,招标、投标双方不能就合同的内容进行谈判。招标人一旦发出中标通知书就对中标人做出订立合同的承诺,受《合同法》关于承诺效力的约束。我国《招标投标法》规定,承诺自中标通知书发出之时生效。承诺生效之后就在招标人与中标人之间产生了订立合同的义务,招标人和中标人各自都有权利要求对方签订合同,也有义务与对方签订合同。在中标通知书生效后,双方当事人之间并没有立即产生合同成立和生效的效力,仅在当事人之间产生订立合同的义务,对此义务的违反,不属于违约责任,而是缔约过失责任。合同签署之后,合同成立并同时生效。需要经有关部门批准的,在合同获得批准后生效。

4.2.2　招投标的法律制度体系

健全的法律制度体系是依法招标和投标的基础。招标投标法律制度体系指的是我国法律中调整招标投标活动有关法律的总称。随着我国市场经济的深入发展,我国现有的建设工程招标投标法律法规逐渐健全,已基本形成了以《招标投标法》为主,相关法律、法规、规章为辅的招投标的法律制度体系。我国招标投标法律制度体系按照法律效力层级可分为四个层次。

4.2.2.1　法律

法律是指全国人民代表大会及其常务委员会制定和颁布的法律,主要有《招标投标法》《政府采购法》,以及与招标投标相关的《民法通则》《建筑法》《合同法》等。

《招标投标法》为经济法,是招标投标法律制度体系中的基本法。而《政府采购法》属于财政法领域,二者并行不悖。《招标投标法》适用于所有在中国境内进行的招标投标活动,不仅包括招标投标法列出的必须进行的招标活动,而且包括其他的所有招标投标活动。

《招标投标法》规定的基本制度和规则有编制招标文件和投标文件的制度,招标文件和投标文件发放、递送、澄清、修改规则,招标代理制度,资格审查制度,公开开标制度,评标委员会评标制度,中标规则,投标担保制度,招标时限制度,不得排斥潜在投标人规则,谈判禁止规则,保密制度,行政监督制度,法律救济制度等。这些制度和规则主要是为了保证招标投标在公开、公平、公正的原则下进行。

4.2.2.2　法规

法规是指国务院和地方人民代表大会依据法律授权制定的行政法规,地位次于法律。有关招投标的法规主要有国务院制定的《中华人民共和国招标投标法实施条例》和地方人大颁布的地方性招标投标法规,如《建设工程质量管理条例》《建设工程勘察设计条例》《河南省关于中华人民共和国招标投标法实施办法》等。

4.2.2.3 规章

招投标的规章包括国务院部门规章和地方政府规章。它是国务院部门和地方政府经过严格程序制定并向社会公开发布的法律规范形式。其效力等级低于法律、行政法规和地方性法规。鉴于我国行政监督职权划分的现状,目前对招标投标活动负有监督职权的部门较多,各职权部门和地方政府依法各自出台了很多规章,导致了我国招标投标活动规范的复杂性。这些规章数量多、内容具体、可操作性强,直接对招标投标实际工作起规范、约束、指导作用。目前,我国颁布的各类规章主要有《工程建设项目招标范围和规模标准规定》《招标公告发布暂行办法》《房屋建筑和市政基础设施工程施工招标投标管理办法》《评标委员会和评标方法暂行规定》《水利工程建设项目招标投标管理规定》《评标专家和评标专家库管理暂行办法》和《工程建设项目施工招标投标办法》等。

4.2.2.4 规范性文件

规范性文件一般是指法律范畴以外的其他具有约束力的非立法性文件。目前这类非立法性文件的制定主体非常多,包括各级党组织、各级人民政府及其所属工作部门,人民团体、社团组织、企事业单位、法院、检察院等。由于法律存在适用范围有限、制定落后于社会生活、执行缺少必要环节、程序性要求与社会效率之间存在冲突等客观局限性,行政规范性文件在法律的缺失时发挥了巨大作用。

规范性文件俗称"红头文件",是由行政机关按照内部工作程序制定的有一定强制力的行为规范,《行政诉讼法》中称之为抽象行政行为。在我国目前行政管理中,规范性文件面广量大,绝大部分属于执行性规定。《立法法》规定的法的范畴中不包括行政规范性文件,但《最高人民法院关于执行〈中华人民共和国行政诉讼法〉若干问题的解释》中明确,人民法院审理行政案件,可以在裁决文书中引用合法有效的规章和其他规范文件。最高人民法院在审理行政案件适用法律规范问题的座谈会纪要中明确有效的规章和其他规范文件包括县级以上人民政府及其主管部门制定发布的具有普遍约束力的决定、命令或其他规范性文件。从这些规定可以看出,行政法律规范不具有法律规范意义上的约束力,但却有效力。

4.2.3 招投标有关的法律责任

随着招投标日益普及,招投标中涉及赔偿责任的争议也在不断增加。招投标有关责任的承担必须建立在对招投标行为法律性质分析的基础上。

4.2.3.1　招标过程中的责任

从发出招标公告开始至投标截止日期为止,这段时间属于要约邀请阶段。根据《合同法》原理,发出要约邀请的一方不承担法律责任。在此期间内,招标人在不违背诚信原则的前提下,可以对招标文件进行补充、修改,甚至撤销招标公告。招标人无法保证投标人中标,在招标阶段当事人不可能承担违约责任。这种损失可以算作是投标人的商业风险。

招标人也不存在缔约过失的问题。缔约过失责任是指缔约一方当事人故意或者过失地违反诚实信用原则所应承担的先合同义务而造成对方信赖利益的损失时,依法承担的民事赔偿责任。而先合同义务是自缔约双方为签订合同而互相接触磋商开始,逐渐产生的主要义务,包括互相协助、互相照顾、互相保护、互相通知、诚实信用等义务。先合同义务只能存在于要约生效后,合同成立即承诺生效之前。《合同法》要求缔约过失只能发生在合同订立过程中。严格地讲,要约邀请并不是合同订立的过程,缔约过失责任只能发生在要约、承诺阶段。

4.2.3.2　投标行为的责任

投标人提交的投标文件具备《合同法》规定的要约的两点构成要件:第一,内容具体确定,对投标报价、施工组织方案、工程质量目标、工期目标等均做出了详尽的陈述;第二,在投标文件中,投标人所列举的条款在中标后都将写入合同,在施工过程中受这些条款的约束。按照《合同法》的原理,招标文件要求提交投标文件的截止时间即开标时间应为要约的生效时间。要约在生效之前可以撤回。要约生效以后,即对要约人产生约束,自开标之日起至确定中标人之前,投标人不得补充、修改或撤回投标文件,否则将会承担缔约过失责任。

在招投标过程中,投标即为要约,中标通知书即为承诺,而开标之后至确定中标人之前的期间即为要约生效后合同成立之前的期间。所以,招标人与投标人在此期间内因为故意或过失而导致对方当事人损失的行为,如假借订立合同恶意进行磋商,故意隐瞒与订立合同有关的重要事实或者提供虚假情况,投标人相互串通投标或与招标人串通投标,投标人弄虚作假骗取中标等,应该承担缔约过失责任。

缔约过失责任一般以损害事实的存在为条件,只有缔约一方违反先合同义务造成相对方损失时,才产生缔约过失责任。缔约过失责任中的损失主要是信赖利益的损失,即当事人因信赖合同的成立和有效、但却不成立或无效而遭受的损失。缔约过失责任的方式只限于赔偿责任,不包括其他责任形式。其赔偿范围也主要是与订约有关的费用支出,例如制作招标、投标文件等进行招标或投标行为所发生的费用。

4.2.3.3　中标通知书后的责任

招标人在对投标文件进行严格评审并向中标人发出的中标通知书为对投标人要约的承诺。关于承诺生效时间的规则,我国《合同法》采用到达主义的规则;《招标投标法》采取的是发信主义,即发出中标通知书的时间为承诺生效的时间;《合同法》为普通法,《招标投标法》为特别法,根据特别法优于普通法的原则,承诺生效的时间是中标通知书发出的时间,即产生合同成立的法律效力。此后招标人与中标人因故意或过失造成对方损害的行为,则应视为不履行合同义务或履行义务不符合约定,即为违约行为,其所承担的责任也应为违约责任。此时,招标人改变中标结果实质上是一种单方面撕毁合同的行为;投标人放弃中标项目也是一种不履行合同的行为,都属于违约行为,应当承担违约责任。

《合同法》第三十二条规定:当事人采用合同书形式订立合同的,自双方当事人签字或者盖章时合同成立。《合同法》第二百七十条又规定:建设工程合同应当采用书面形式。《合同法》第三十六条规定:法律、行政法规规定或者当事人约定采用书面形式订立合同,当事人未采用书面形式,但一方已经履行主要义务、对方接受的,该合同成立。在招投标中,中标通知书是合同成立的有效证明。因此,在中标通知书发出以后,如果招标人拒绝与中标人签订合同或者改变中标结果,应承担违约责任。违约责任除赔偿责任外,还包括支付违约金、继续履行以及其他补救措施等责任方式,而且违约责任的赔偿范围通常为实际损失和可得利益的损失。如果中标人放弃中标项目,招标人则有权没收其投标保证金,如果保证金不足以弥补招标人损失的,招标人有权继续要求赔偿损失。

4.2.4　有关招投标合谋的处罚规定

《招标投标法》第五十三条规定:"投标人相互串通投标或者与招标人串通投标的,投标人以向招标人或者评标委员会成员行贿的手段谋取中标的,中标无效,处中标项目金额千分之五以上千分之十以下的罚款,对单位直接负责的主管人员和其他直接责任人员处单位罚款数额百分之五以上百分之十以下的罚款;有违法所得的,并处没收违法所得;情节严重的,取消其一年至二年内参加依法必须进行招标的项目的投标资格并予以公告,直至由工商行政管理机关吊销营业执照;构成犯罪的,依法追究刑事责任。给他人造成损失的,依法承担赔偿责任。"

4.3　法律制度约束失效的原因分析

《招标投标法》颁布实施后,对规范我国的招投标发挥了较大的作用,使得各种招投标不规范现象有了处理的依据,建立起了招投标的监督和监察机制,明确了惩罚措施。但是,招投标中的串标、围标、陪标现象屡禁不止,情况越来越严重,串标形式也翻新升级,围标、串标几乎成了招投标中的潜规则。我国招投标市场存在较严重的因潜规则的存在而造成的招投标失范、合谋、腐败等现象。串标等合谋情况的存在,扭曲了市场价格,增大了交易成本,破坏了公平竞争,扰乱了市场秩序,挑战了法律尊严,损害了公平正义,败坏了社会风气,阻碍了技术进步,为工程质量埋下隐患。招投标市场中的合谋问题严重影响了我国建筑市场的健康发展,必须对招投标合谋进行深入分析,找出关键的原因所在,并制定切实有效的防范机制。

串标等合谋潜规则的存在也说明,我国法律制度的约束效力没有有效发挥。只有当法律制度的显规则难以有效发挥作用的时候,大量的潜规则才实际制约人们的行为。正如诺斯(North)认为,非正式制度可以制约正式制度,当正式制度与非正式制度存在矛盾或不相容时,正式制度就会流于形式或在执行中变得无法实施。潜规则能够出现并取代显规则而盛行,是由于显规则的制度供给与实际的制度需求不符,缺乏必需的实施条件。具体而言,导致法律制度约束失效情况出现的原因主要有以下几个方面。

(1)自由裁量空间大。根据《招标投标法》的规定,招标人既可采用资格预审,也可采用资格后审;可采用经评审的最低投标价法,也可采用综合评估法;既可设标底,也可不设标底等。招标人的自由裁量权较大,为投标人和招标人串标提供了条件。综合评估法赋予评标专家很大的自由裁量权,这为投标人和评标专家串标提供了条件。《招标投标法》规定串标处中标项目金额5‰以上10‰以下的罚款,罚款上限和下限相差两倍,这为招投标监督机构权力寻租创造了条件。

(2)监督执法政出多门。按照《招标投标法》和《招标投标法实施条例》的规定,我国的招投标监督工作由发展改革、工业和信息化、住房和城乡建设、交通运输、铁道、水利、商务等部门按照职责分工实施监督;监察机关依法对与招投标活动有关的监察对象实施监察。招投标活动的监管分属多个部门,出现了"九龙治水"的多头管理状况。把原本统一的招投标监管活动,分散到各个行业主管部门,陷入了"条块分割、各自为政、同体监督、体内循环"的怪圈。而且,行业管理规范政出多门,执法尺度不一,执法的水平和力度也各有差异,缺乏协调统一,难免会给围标、串标者留下空子。在实践中,常出现参与监督的部门多,但职责不明,主次不清,流于形式,大家都负责又都不负责。借鉴国外的先进经验,应理顺政府监管体制,建立"决策、执行、监督"相分离的招投标监管体制,建立统一的招投标监管机制。

(3)监督效率低。由于招标监督政出多门、责任不清,招标监督人员常常是责任心不强,走走形式,采取"民不告官不究"的态度。同时,招标监督人员往往是临时抽调,对招投标的法律规定、有关程序和关键环节缺乏必要的了解,出现问题时一般采取推诿扯皮的应对策略。此外,招标监督人员更是缺乏监督。这样,招投标中的串标、围标、陪标等行为在招标监督人员的眼皮下堂而皇之地一次次发生,但发现并被惩处的非常少。同时,由于潜规则具有传染性,当个别人因围标、串标获益而没有风险时,会带动周边人群的学习和效仿,造成围标、串标的广泛流行。各行业主管部门作为法定的监管部门,要切实采取措施,不断完善预防措施,加强标前审核,改进标中监督,强化标后管理,集中精力打击串标围标、资质挂靠、规避招标等违规行为,规范投标人行为,净化招投标市场。

(4)违规成本过低。《招标投标法》规定的对串标的投标单位和直接责任人的处罚主要是经济处罚,罚金数额为中标项目金额的5‰~10‰。相对于串标的收益多为2%~10%,投标人串标、围标的违法成本远小于违规所得。虽然招标投标法有"情节严重的,取消其一年至二年内参加依法必须进行招标的项目的投标资格并予以公告,直至由工商行政管理机关吊销营业执照"的规定,但由于目前我国还没有形成全国统一的招投标运作机制和市场信用体制,没有建立统一的招投标信息平台和查询体系,而且存在地方保护主义,以致一些违法者在违法后易地再犯,所以情节严重的认定非常困难。

(5)市场诚信环境缺失。从民法学上说,串通投标是产生在招标投标缔约过程中的违法行为,串通者违背了诚实信用原则,侵犯了其他当事人的信赖利益。社会缺失诚实信用是围标、串标这种投机行为之所以存在的重要原因之一。《招标投标法》第五条规定:"招标投标活动应当遵循公开、公平、公正和诚实信用的原则。"公开、公平、公正是招投标中形式上的问题,用政府的力量可以做到,而且我国已经做到了;诚实信用是招投标中本质的问题,需招投标的直接当事人(招标人和投标人)从自己的长远利益出发,发自内心地去维护,这是政府的力量不能直接达到的。实行市场经济后,经营者如不看到诚实信用对长期经营的极端重要性,仍然死守旧的观念和做法,就会被市场经济的浪潮所淘汰。在我国推行市场经济时间尚短、诚实信用的社会环境未能形成的情况下,政府应加大诚实信用的舆论宣传,让诚实信用的理念深入经营者的内心;加大查处不诚信企业,增大他们的机会成本;推进诚信体系的建设,减少违规者再犯的机会;经济上重罚围标、串标等违规者,扭转合谋愈演愈烈的势头,逐步建立起招投标市场的诚实信用环境。

4.4　经评审的最低投标价法合谋的种类

4.4.1　经评审的最低投标价法合谋的可能种类分析

由于经评审的最低投标价法的评标标准非常明确,投标人串通招标人、招标代理和评标专家的收益很小,可能性较低,它可能产生的主要是投标人之间的串标。

投标人之间合谋的利益分配方式主要有价格同盟、轮流坐庄、补偿投标、市场分割等。在单次独立项目的招标中,不存在轮流坐庄和市场分割的条件。在经评审的最低投标价法条件下,只有最低价才能中标,也不存在组成价格同盟共同获益的可能,投标人之间的合谋形式主要是通过投标补偿进行串标。根据程度的不同,串标又分为完全围标、不完全围标,如图 4-2 和图 4-3 所示。在这两种形式中,组织围标的投标人成为围标人,俗称标头;其他参与围标的投标人称为陪标人。

在围标过程中,围标人和陪标人可能是具备投标资格的独立法人,也可能是不具备投标资格的单位或个人,利用具备投标资格的独立法人的名义进行投标,称为挂靠围标,如图 4-4 所示。

在围标过程中是否存在挂靠对招投标中的博弈关系没有改变,因此以下主要研究完全围标和不完全围标对招标人的危害。

4.4.2　完全围标和不完全围标的博弈分析

从前述的分析中可以看出,由于我国法律制度的自由裁量权空间大、监督执法政出多门、监督效率低、违规成本过低、市场诚信环境缺失,我国招投标中存在严重的围标、串标问题。在采用经评审的最低投标价法时,存在围标的可能性较大。

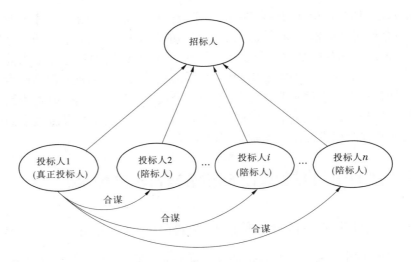

图 4-2　完全围标关系

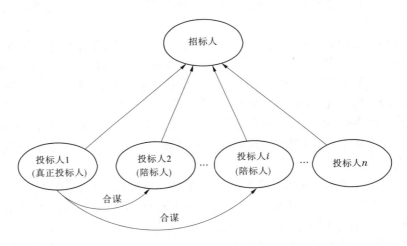

图 4-3　不完全围标关系

假设某单一不可分的招标项目采用经评审的最低投标价法进行公开招标,有 n 个投标人参与投标。如有一围标人且已有 $m(m \leqslant n)$ 个投标人参与陪标,他有不完全围标和完全围标两种策略。因不完全围标和完全围标被发现的概率相等,其被发现后的损失都忽略不计。围标人在不完全围标的情况下中标概率为 p,中标后的收益为 R,成本即向每个陪标人支付的投标补偿是 c;完全围标的收益是 R',需多付出成本是 $c'(c' \gg c)$。其他投标人有不陪标和陪

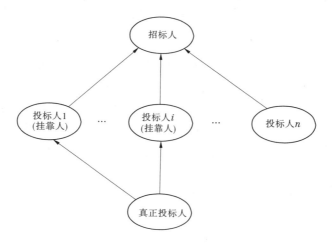

图4-4 挂靠围标关系

标两种策略。投标人不陪标时中标的收益也为 R。这样,围标人和投标人的收益将有四种情况,收益矩阵见表4-1。

表4-1 投标人和围标人期望收益矩阵

		投标人	
		不陪标	陪标
围标人	不完全围标	$pR - mc, \dfrac{(1-p)}{n-m}R$	$pR - (m+1)c, c$
	完全围标	$R' - mc - c', 0$	$R' - mc - c', c'$

第一种情况是围标人选择不完全围标,投标人不参与陪标。这时,围标人的收益是 $pR - mc$,所有未陪标人处于公平竞争状态,投标人的期望收益是:

$$u = \frac{(1-p)}{n-m}R$$

第二种情况是围标人选择不完全围标,投标人参与陪标。这时,围标人的收益是 $pR - (m+1)c$,投标人的期望收益是:

$$u = c$$

第三种情况是围标人选择完全围标,投标人不参与陪标。这时,投标人将没有中标可能,其期望收益是 $u = 0$,围标人的期望收益是:

$$u = R' - mc - c'$$

第四种情况是围标人选择完全围标,投标人参与陪标。这时,围标人的

期望收益与第三种情况相同,即 $u = R' - mc - c'$,投标人的期望收益是:

$$u = c'$$

从表 4-1 的期望收益矩阵可以看出:①只要条件 $c > \dfrac{(1-p)}{n-m}R$ 成立,也就是只要围标人存在并愿意出足够的投标补偿,投标人就会选择参与陪标,即陪标是投标人的占优均衡策略。因此,应从重打击围标组织者。只有当投标者成本足够低,其投标报价低于所有围标者的概率非常大,投标人才会选择不陪标策略。②只要 $R' - mc - c' > pR - mc$ 成立,即 $R' - pR > c'$,围标者就会选择完全围标战略。因 $R' - pR > R' - R$,且围标人完全围标的额外收益($R' - R$)远远大于完全围标的额外成本 c',因此 $R' - pR > c'$ 必然成立,完全围标成为围标人的必然选择。

从以上分析可以得出,采用经评审的最低投标价法进行招标,招标人的最大风险是被围标人和陪标人完全围标,招标人将付出经济上的巨大代价。当个别投标者的成本足够低且其投标报价低于所有围标者的概率非常大时,才会出现不完全围标的情况,这时成本低的投标人低价中标的可能性较大。

4.5 招投标约束研究

4.5.1 外生性制度约束和内生性制度约束

4.5.1.1 外生性和内生性

外生性和内生性是经济学概念。外生性是指不受实体经济因素影响而由实体经济体系外部决定的性质。内生性是指在实体经济体系内部受其他实体经济因素影响并与实体经济因素共同决定的性质。

外生性和内生性概念也运用于制度经济学中。根据制度的形成和演化的不同,制度经济学将制度分为内生性制度与外生性制度。前者通常由内部条件或内部力量产生,后者通常由外界条件或外部力量激发。

4.5.1.2 外生性制度约束

我国的招投标制度是在引进国外招投标制度的基础上逐步建立的,吸纳了世界人类社会的文明、文化、政策和规则,具有一定的"移植性"。我国的招投标制度的演进也是在政府的力推下逐步完成的,它游离在经济实体之外,招投标的直接参与者(招标人和投标人)参与较少,脱离了具体的国情、民情和参与者的习惯,因此它属于外生性制度。

招投标制度对招投标行为的约束主要来源于法律、法规、部门规章和规范性文件,招投标的参与者必须被动接受,违反了这些制度的约束受到的也是政府行政部门的处罚,这些都在实体经济之外。因此,可以将我国以往的招投标中的正式制度约束统称为外生性制度约束。我国的招投标制度结构完善,内容丰富,已超过了多数市场经济国家的招投标制度。

4.5.1.3　内生性制度约束

显然我国的外生性制度约束的效率不高,收到的效果也不理想,必须在外生性制度之外,在招投标行为过程中构建内生性的约束措施和机制,改变我国招投标实践中的乱象。

招投标行为由招标人发起。它的需求是招投标行为的主要需求,因此招投标行为必须满足招标人的基本需求。总体来说,招标人的核心需求是希望具备完成自己工程能力的多个投标人来投标,中标价格不能超过自己的支付能力,价格越低越好。根据招标人的需求,招投标的结果需满足两个条件:一是满足招标人资格要求的约束,二是满足招标人关于价格的约束。这两个约束条件来源于招投标行为过程本身,可以称为内生性制度约束。

4.5.2　参与约束

参与约束可通过在投标资格审查方面采取若干措施来实现。信息经济学认为,经济行为主体掌握的初始经济信息是有限的,它的行为具有极大的不确定性。经济主体要做出最优决策,必须对相关信息进行搜寻,而信息搜寻是需要成本的。搜寻成本包括时间成本和费用成本。随着搜寻次数的增加,搜寻成本增大,搜寻效用递减。当搜寻的预期边际收益等于边际成本时,搜寻活动才会停止。

投标资格审查就是潜在合格投标人的信息搜索过程,其目的是剔除不合格的投标人,使真正有实力、有能力、有竞争力的投标人参与投标工程,避免和减少招标人的风险。经评审的最低投标价法主要应避免围标的风险,特别是避免围标的组织者。

从实践看,组织围标的围标人多是挂靠的施工队和个人,利用具备资格的施工企业的资格和证书,以挂靠单位的名义进行投标。挂靠的目的是通过围标获得非常高的中标概率;因为围标的成本大于一般的投标成本,因此围标的期望中标价格也远远高于正常投标。挂靠的施工队有以下特征:①只顾眼前利益,不考虑长期经营;②资金实力不强,没有银行资信认证;③技术人员较少,需东挪西借;④技术能力较弱,技术方案水平较差。

我国现有的招投标程序中规定了资格审查的程序。但是,由于资格审查是可选程序,多数招标人嫌麻烦而省略了该步骤;即使选择了资格审查,往往由于审查标准不清、方法不明、招标代理机构把关不严,使资格审查流于形式。

工程招标采购是一种期货交易方式,投标人的经验和能力等资格决定着招标人未来的支付和收益。资格审查是发现围标的第一道关口,直接关系着招标效果,因此应从根本上重视资格审查的重要性。

4.5.2.1　资格预审和资格后审

常用的资格审查方式包括资格预审和资格后审。

从理论上讲,资格后审的投标人包括所有对标的工程感兴趣的人,它是不确定的集合,是个模糊概念,可增加围标人围标的难度。有的专家推荐采用资格后审方法。但资格后审时,围标行为可能已经发生,对招标结果已造成不利影响;同时,资格后审与评标同时进行,因评标过程非常紧张,会造成资格后审的敷衍了事。

通过资格预审可以揭示对标的工程感兴趣人的集合,有利于招标人决策;同时,通过资格预审的信息揭示作用,评标专家可以根据围标人的特征,将围标人提前剔除出投标程序,避免对招标人造成不利影响。江伟、黄文杰在分析了好的投标人和差的投标人的收益期望后提出:"业主在招标时必须对投标人进行严格的资格预审,以完全淘汰或几乎完全淘汰资质不合格以及无法胜任业主对工程要求的投标人。"另外,投标人的多少影响着所有投标人的报价意愿,决定着招投标的竞争程度,招标人可以通过设置资格预审条件来选择不同的竞争程度。因此,资格预审对招标人更为有利。

4.5.2.2　招标公告和投标邀请函

常规的建设工程招投标程序的第一步是招标人或招标代理机构在公开媒体发布招标公告,向非特定的潜在投标人发出参加资格预审的邀请。招标人只能被动地等待潜在投标人提出资格预审申请。这是必须做的法定程序。

但是,招标公告发布后,招标人被动等来的不会全部都是单独的潜在投标人,有时却会都是围标人和陪标人。为了避免因被动接受带来的完全围标的可能性,根据招标的实践经验,招标人在发布招标公告的同时,可以主动采用邀请招标中常用的投标邀请函方式,向业内综合实力最强的 10 家左右潜在投标人发出投标邀请,向他们表明"公开、公平、公正和诚实信用"的诚意,以起到与围标人抢夺优质潜在投标人的关键作用。因此,招标公告和投标邀请函并用是解除完全围标风险的有效办法。

4.5.2.3　合格制和有限数量制

按照《标准施工招标资格预审文件》的规定,资格预审可采用合格制和有限数量制两种方式。合格制更符合"公平、公正、公开"的原则,因更广泛的竞争给招标人带来更大的收益,但它可能带来恶性竞争等不利影响。

依据招标人的边际收入随投标人数量增加而逐步降低的原理,有限数量制可适当控制投标人数量,在招标人收益减少较小的情况下避免恶性竞争,同时也减小评标工作量,有利于提高评标质量,因此推荐采用有限数量制。根据招标项目的难度和规模,通过资格预审的投标人数量可在满足国家法规要求的基础上进行测算,作为资格预审的标准。但是,有限数量制的资格预审如果控制不严,未能发现围标人并使其参加投标,因投标人数量有限、围标成本低,将会给招标人带来不利的影响。

4.5.2.4　定性评审和定量评审

传统的资格预审是采用定性的方法评审潜在投标人的资格、能力和信誉。潜在投标人的资格包括法人资格、施工资质和安全许可;潜在投标人的能力包括财务能力、技术能力、管理能力和风险控制能力等;潜在投标人的信誉包括银行信用、商业信誉、奖励情况和不良记录等。《标准施工招标资格预审文件》规定了资质、财务、业绩、信誉、项目经理和其他等六个方面的八个指标,基本上涵盖了潜在投标人的资格和以往能力。其缺点是:不能反映最重要的投标人在本工程上的技术和风险管理能力;仅适用于合格制的资格预审,不利于有限数量制时的横向比较。

推荐资格预审的评价方法采用定量方式。可通过层次分析法预先确定各评价因素的权重,根据设定的权重进行定量分析。也可根据招标人认为的重要程度,确定各评价因素的分值。各评价因素应有详细的评分标准。例如,小浪底水利枢纽工程资格预审的评价因素包括公司经验、技术人员、施工设备和财务状况四个方面,资格预审文件中规定每个因素的最低标准和达标后的详细评审标准;其中,已完成水电项目数量的得分按加权数量计算,1 亿美元以下、2 亿美元以下、3 亿美元以下、4 亿美元以下和 4 亿美元以上工程项目的权重分别为 1、2、4、6 和 8,有关的业绩必须附上有说服力的证明资料。

4.5.2.5　设置关键评价因素

资格预审的评价应设置能显示潜在投标人关键实力、隐蔽信息、核心资料而围标人不易获得的信息。关键评价因素主要包括:财务能力中的经审计的财务报表、银行资信等级证书原件、投标保函等;以往施工业绩中的类似工程的分级别完成数量及详细证明资料;专用施工设备证明;项目经理及其他关键人员的职称证书和社保证明;其他项目中增加投标人对本工程的理解和建议,反映投标人的综合技术能力等。

4.5.2.6 资格预审结果保密

如果投标人不知道其他通过资格预审的投标人,就不可能在资格预审后再形成合谋同盟。因此,对资格预审结果保密是避免合谋的必要措施。保密的措施包括通过电子邮件发送资格预审结果通知书和招标文件,不组织统一的现场考察和答疑,招标文件的澄清和补遗通过书面方式传递等。

4.5.3 价格约束

4.5.3.1 价格约束的种类

招标人为了保护自身的利益并避免招投标中的风险,常常按照自己的意愿对投标报价进行限制,这就是价格约束。

最初的价格约束形式为设置标底,作为价格评审的依据。由于《招标投标法实施条例》规定标底只能在评标时进行参考,不能作为评标的依据,现已不常用。为了避免招投标中的恶性竞争,有的招标人设置了最低投标限价,低于该价格的投标为废标。最低投标限价限制了公平竞争,《招标投标法实施条例》规定该办法不得使用。

由于有标底招标的保密工作受到挑战,容易产生投标人与招标人的合谋现象,招标人为了保护自身的利益并避免失范,于是产生了将标底公开并作为投标的最高限价,规定超过最高投标限价的投标报价无效。最高投标限价又称为招标控制价,是招标人标底的改进和变异形式。《招标投标法实施条例》第二十七条规定:招标人设有最高投标限价的,应当在招标文件中明确最高投标限价或者最高投标限价的计算方法。最高投标限价因不影响低价中标的原则,也可用于其他评标方式,因而在国内正在成为趋势。

4.5.3.2 招标控制价对投标报价的影响

假设:单个不可分工程项目招标,评标标准是最低价中标。招标人和 $n(n>1)$ 个投标人都是风险中性的,其效用函数都是线性函数;投标人之间不存在合谋行为;第 i 个投标人的估价 v_i 是独立的;所有投标人的估价对称且概率分布函数 $F(v)$ 相同,是 $[l,m]$ 上严格递增且可微的函数,密度函数为 $f(v)$。每个投标人的收益数额仅取决于其实际报价,未中标的投标人无任何收益。

设投标者 i 的投标报价 b_i 是其独立估价 v_i 的严格递增可微函数,即 $b_i = b(v_i)(i=1,2,\cdots,n)$,如投标人1以报价 b_1 在投标中获胜,则 $b_1 < b_j(j=2, 3,\cdots,n)$,其概率为 $p(b_1 < b_j) = [1 - F(b)]^{n-1}$。

投标人 1 的期望收益为：

$$\pi(b_1) = (b_1 - v_1)\prod_{j\neq1}p(b_1 < b_j) = (b_1 - v_1)\prod_{j\neq1}p[b_1 < b(v_j)]$$

$$= (b_1 - v_1)\prod_{j\neq1}p[b^{-1}(b_1) < b(v_j)] = (b_1 - v_1)\{1 - F[b^{-1}(b_1)]\}^{n-1}$$

给定其他投标者策略 b_i 的条件下，投标人 1 的最优反应函数为：

$$\pi'(b_1) = \{1 - F[b^{-1}(b_1)]\}^{n-1} - (n-1)(b_1 - v_1)$$

$$\{1 - F[b^{-1}(b_1)]\}^{n-2}F'[b^{-1}(b_1)]\frac{\mathrm{d}[b^{-1}(b_1)]}{\mathrm{d}b_1} = 0$$

即：$1 - F[b^{-1}(b_1)] - (n-1)(b_1 - v_1)\{1 - F[b^{-1}(b_1)]\}F'[b^{-1}(b_1)]$

$\dfrac{\mathrm{d}[b^{-1}(b_1)]}{\mathrm{d}b_1} = 0$

在均衡条件下，投标人 1 的最优选择是 $b^{-1}(b_1) = v_1$，得：

$$1 - F(v_1) - (n-1)(b_1 - v_1)F'[b^{-1}(b_1)]\frac{\mathrm{d}v_2}{\mathrm{d}b_2} = 0$$

即：

$$\frac{\mathrm{d}v_2}{\mathrm{d}b_2} = \frac{1 - F(v_1)}{(n-1)(b_1 - v_1)F'[b^{-1}(b_1)]}$$

若 $v_1 = v^*$，则 $b_1 = v^*$，求解得：

$$b_1 = v_1 + \int_{v_i}^m\left[\frac{1 - F(v_i)}{1 - F(v)}\right]^{n-1}\mathrm{d}v_i \tag{4-1}$$

因模型的对称性有：

$$b_i = v_i + \int_{v_i}^m\left[\frac{1 - F(v_i)}{1 - F(v)}\right]^{n-1}\mathrm{d}v_i \tag{4-2}$$

式（4-2）表明，$b_i > v_i$，即所有投标人的投标报价都高于其独立估价。

当不设招标控制价时，投标人估价 v 的分布函数 $F(v) = \dfrac{v - l}{m - l}$，密度函数

$f(v) = F'(v) = \dfrac{1}{m - l}$，则代入式（4-2）得：

$$b_i = v_i + \int_{v_i}^m\left[\frac{1 - F(v_i)}{1 - F(v)}\right]^{n-1}\mathrm{d}v_i = v_i + \int_{v_i}^m\left(\frac{m - v_i}{m - v}\right)^{n-1}\mathrm{d}v_i$$

$$= v_i + \frac{m - v}{n} - \frac{(m - v_i)^n}{n(m - v)^{n-1}}$$

投标人的报价 b_i 随投标人数量的增加而减小，当 $n\to\infty$ 时报价就是工程的真实估价。

当设置招标控制价时，投标人估价 v 的分布函数 $F_*(v) = \dfrac{v-l}{v^*-l}$，密度函数 $f_*(v) = F'(v) = \dfrac{1}{v^*-l}$，仍代入式（4-2）得：

$$b_i^* = v_i + \int_{v_i}^{v^*}\left[\frac{1-F_*(v_1)}{1-F_*(v)}\right]^{n-1}\mathrm{d}v_i$$

$$= v_i + \int_{v_i}^{v^*}\left[\frac{1-F_*(v_1)}{1-F_*(v)}\right]^{n-1}\mathrm{d}v_i = v_i + \frac{v^*-v}{n}$$

$$b_i - b_i^* = \frac{m-v^*}{n} - \frac{(m-v^*)^n}{n(m-v)^{n-2}} = \frac{(m-v)^{n-1}-(m-v^*)^{n-1}}{n(m-v)^{n-1}}(m-v^*)$$

因为 $m \geqslant v^*$，$v \leqslant v^*$，所以 $b_i - b_i^* \geqslant 0$，即 $b_i \geqslant b_i^*$，说明投标人在设置招标控制价后的报价低于不设招标控制价的报价。这也说明，设置招标控制价对招标人是有利的。

4.5.3.3　招标控制价的作用

以上计算说明，设置招标控制价降低了投标人的报价，也降低了招标人的支付。当招标控制价确定时，增加投标人数将减少招标人的支付。

有关研究认为：设立招标控制价招标与设标底招标及无标底招标相比，其优势在于可有效控制投资，防止恶性哄抬报价带来的投资风险；提高了透明度，避免了暗箱操作、寻租等违法活动的产生；可使各投标人自主报价、公平竞争，符合市场规律。投标人自主报价，不受标底的左右；既设置了控制上限，又尽量减少了招标人对评标基准价的影响。而招标控制价的设立在一定程度上减少了招标人与投标人之间的信息不对称。首先，投标人只需根据自己的企业实力、施工方案等报价，不必与招标人进行心理较量，揣测招标人的标底，提高了市场交易效率。另外，招标控制价的公布，减少了投标人的交易成本，使投标人不必花费人力、财力去套取招标人的标底。从招标人角度看，可以把工程投资控制在招标控制价范围内，提高了交易成功的可能性。因而，公开招标控制价无论是从招标人还是从投标人角度看都是有利的。

概括起来，招标控制价有以下三个方面的作用：①降低了围标的收益，减轻了完全围标的动因，减小了完全围标的可能；②在不存在围标、串标的情况下，降低了投标报价，减少了招标人的支付；③当存在完全围标的情况时，限定了最高中标价，将招标人的风险限定在可接受的范围内。

4.5.4　内生性制度约束的构成

通过以上分析可以知道，招投标内生性制度约束包括参与约束和价格约束。

参与约束可通过在投标资格审查方面采取若干措施来实现。建议招标公告和投标邀请函并用,邀请潜在投标人参加资格预审,解除完全围标的风险;建议采用定量评审和设置关键评价因素,既评价潜在投标人的综合实力,也重视其对本工程的技术和风险管理能力;建议采用有限数量制,实行数量和分数双指标控制;建议采用电子邮件发送资格预审结果通知书和招标文件等措施保密资格预审结果,减少资格预审后的合谋机会。

价格约束可通过设置招标控制价来实现。建议根据招标工程的具体情况和围标的可能性,设置合适的招标控制价,减小完全围标的动因和可能性,同时一旦存在完全围标可将招标人的风险限定在可接受的范围内。

4.6　应用案例

4.6.1　龙背湾水电站简介

龙背湾水电站位于湖北省境内汉江流域堵河支流官渡河上,距竹山县城 91 km,坝址以上流域面积 2 155 km^2,多年平均流量 46.3 m^3/s。龙背湾水电站开发目标以发电为主,兼顾航运、旅游开发等综合效益。龙背湾水电站设计为坝后式电站,由大坝、发电洞、厂房、变电站等组成。大坝为混凝土面板堆石坝,坝顶高程 524 m,正常蓄水位 520 m,最大库容 8.3 亿 m^3,具有多年调节性能。电站总装机 2×90 MW,工程概算总投资为 21.796 亿元,计划总工期 4 年。

龙背湾水电站由小浪底水利枢纽建设管理局与汉江集团联合开发。该项目于 2008 年启动前期工作,2010 年底主体工程开工,2011 年 11 月截流,2013 年底蓄水发电,2016 年底主体工程完工。

4.6.2　龙背湾水电站招投标的做法

由于龙背湾水电站的投资指标不太理想,所以投资控制是项目投资人首先考虑的问题。龙背湾水电站的某前期工程,施工工序简单、工期较短,招标人决定采用按本书建议改进后的经评审的最低投标价法进行招标。根据本书建议的内生性制度约束机制,招标人采取了以下主要措施。

4.6.2.1　投标邀请和招标公告并行

在按照规定公开发布招标公告的同时,招标人向业内综合实力最强的 10

家国内潜在投标人发出了投标邀请,向他们表达了"公开、公平、公正和诚实信用"的诚意。其中 3 家相互间是竞争对手关系,不可能相互串标。投标邀请函起到了与围标人抢夺优质潜在投标人的作用。这种方式被形象地称为"掺沙子战术"。

4.6.2.2 采用有限数量制的资格预审

为了尽早发现和阻止围标、串标行为,招标人采用了有限数量制的资格预审。资格预审文件规定,通过资格预审的潜在投标人不少于 5 家,最多不超过 20 家,通过标准为综合得分 80 分;当超过 80 分的潜在投标人少于 5 家时取得分最高的前 5 家;当超过 80 分的潜在投标人多于 20 家时取得分最高的前 20 家。这样,通过资格预审的数量是不固定的,增加了围标人完全围标的难度。

4.6.2.3 在建设工程交易市场进行资格预审的评审

为了保证资格预审审查的公正,减少对招标人和招标代理等的干预,龙背湾水电站采取在省会城市建设工程交易市场抽取专家进行封闭评审。专家按照龙背湾水电站资格预审文件规定的详细评分标准进行了评审,对招标人邀请的潜在投标人(抽取来的专家并不知道)和主动参加的潜在投标人一视同仁。特别对关键的证书和证明文件、类似工程的详细指标、投标人对本工程的理解和建议等进行了仔细评审,并要求拟指定的项目经理亲自到场递交资格预审文件和进行澄清。

4.6.2.4 通过电子邮件发送招标文件

避免围标的有效途径是避免通过资格预审的潜在投标人之间相互了解和接触。为此,招标人改变以往集中发售招标文件的惯例,改为向通过资格预审的投标人免费发送招标文件,切断了潜在投标人接触的机会,使潜在的投标人既不知道几家通过了资格预审,也不知道其他通过资格预审的单位。

4.6.2.5 招标文件规定投标文件雷同两处及以上为废标

龙背湾水电站招标文件规定,如两份投标文件存在错漏一致、文字相同 200 字以上(引用招标文件除外)等雷同之处超过两处,则视为废标。评标时严格按此执行,为认定串标提供了可操作的依据。

4.6.2.6 投标保证采用银行保函形式

基于围标人常为陪标人提供现金作为投标担保的习惯做法,龙背湾水电站招标文件规定只接受银行保函作为投标保证。这一措施发挥了银行资信审查的外部审核机制的作用,也增大了围标人围标的难度。

4.6.3　龙背湾水电站招投标的效果

通过以上综合措施,龙背湾水电站的招投标取得了较好的效果,有效避免了围标、串标情况的发生。招标人邀请的 10 家业内综合实力较强的施工单位有 5 家递交了资格预审申请并通过了资格预审。共有 22 家潜在投标人参加了资格预审,通过资格预审的共 12 家;在未通过资格预审的潜在投标人中,有 1 家因未能提供有效财务证明,1 家项目经理未到,3 家因对本工程的理解和建议得分太低,未能通过资格预审。

通过资格预审的 12 家投标人均参加了投标并递交了投标保函。评标在建设工程交易市场封闭进行,评标专家按照招标文件规定的有关废标条件、价格调整因素认真进行了初评和详评,并进行了澄清。最后,确定评标价最低的为中标候选人。巧合的是,评标专家确定的中标候选人正是招标人邀请的施工单位中的一家。该中标人在合同规定的工期和价格内保质、保量完成了工程施工任务,验证了本书提出的内生性制度约束的有效性和实用性。

4.7　本章小结

本章在第 3 章分析结果的基础上,提出了招投标约束机制的概念和构成,分析了我国招投标法律制度约束体系及失效原因,在分析经评审的最低投标价法合谋种类的基础上,提出了利用内生性制度约束的参与约束和价格约束对经评审的最低投标价法进行改进的建议,从而有效制约围标和串标等不法行为的发生。本章的主要研究结论如下:

(1)招投标的约束机制为制度和习惯对招投标参与者的制约和束缚作用过程。根据约束的来源将招投标的约束分为正式制度约束、非正式制度约束和非制度约束。按照约束形成的机理,约束机制可以分为外生性约束机制和内生性约束机制两种。

(2)法律、法规、规章和规范性文件等正式制度约束属于外生性约束机制。导致法律制度约束失效情况出现的原因主要有以下几个方面:①法律制度的自由裁量空间大;②监督执法政出多门;③监督效率低;④违规成本过低;⑤市场诚信环境缺失。

(3)经评审的最低投标价法发生投标人串通招标人、招标代理和评标专家的可能性较低;发生投标人之间的合谋形式主要是通过投标补偿进行串标,按程度不同又分为完全围标、不完全围标,两种情况下都存在挂靠投标的可能;经博弈分析,除非其他投标人的成本足够低且其投标报价低于所有围标者的概率非常大,否则,只要围标组织者出现,完全围标是投标人的共同均衡策略。

(4)本书提出的利用内生性制度约束的参与约束和价格约束对经评审的最低投标价法进行改进的建议如下:

参与约束可通过在投标资格审查方面采取若干措施来实现:①招标公告和投标邀请函并用,邀请潜在投标人参加资格预审,解除完全围标的风险;②采用定量评审和设置关键评价因素,既评价潜在投标人的综合实力,也重视其对本工程的技术和风险管理能力;③采用有限数量制,实行数量和分数双指标控制;④采用电子邮件发送资格预审结果通知书和招标文件等措施保密资格预审结果,减小资格预审后的合谋机会。

价格约束可通过设置招标控制价来实现:根据招标工程的具体情况和围标的可能性,设置合适的招标控制价,减小完全围标的动因和可能性,同时一旦存在完全围标可将招标人的风险限定在可接受的范围内。

(5)通过龙背湾水电站工程招标的实际应用,验证了本书提出的内生性制度约束的有效性和实用性。鉴于联合采用招标公告和投标邀请函能起到与围标人抢夺优质潜在投标人的良好效果,建议招标人采用该方式解决围标问题。

第5章　招投标的风险调节机制研究

5.1　概　述

本书第3章分析表明,经评审的最低投标价法之所以未得到广泛的应用,另一个原因是存在恶意降价的可能性。经建立博弈模型分析,在采用经评审的最低投标价法时,恶意降价成立条件主要与投标人对项目风险的评估有关。当投标人认为项目实施风险较小甚至不存在风险时,才会采取恶意降价的策略以求中标。本章将重点讨论工程项目风险、风险态度等问题对投标报价的影响,如何建立招投标风险调节机制,防止经评审的最低投标价法下的恶意降价现象的发生,实际上是放宽IPVM拍卖模型"投标人风险中性"和"投标者的报价是估价的函数"假设后的应对措施。

5.1.1　风险和工程项目风险

5.1.1.1　风险的概念

"风险"(Risk)一词在经济学、管理学等学科领域被高频使用,学者们对于风险的概念内涵不尽相同。

威雷特(Allan H. Willet)最早开始对风险进行系统研究,他将风险定义为"关于不愿发生的事件发生的不确定性之客观体现",并指出风险包含两层含义:一是风险是客观存在的现象;二是风险的本质与核心具有不确定性。美国经济学家奈特(Frank H. Knight)首次区分了风险与不确定性这两个似是而非的概念:可以测定的不确定性为风险,而不能通过大数法则进行分析测定的不确定性是"不确定性"(Uncertainty);欧文·佩费尔(Irving Pfeffer)也指出:"风险是危险状态的结合,由概率加以测定,与此相对应,不确定性通过信念程度来测定。"换言之,风险是客观状态,不确定性是心理状态。克布(C. A. Kulp)和贺尔(John W. Hall)将风险定义为"在一定条件下财务损失的不确定性"。武井勋指出风险是特定环境中和特定期间内自然存在导致经济损失的变化,并认为风险与不确定性存在差异;风险是客观存在,风险可以被测量。普雷切特(S. T. Pritchett)认为:"风险是未来结果的变化性,当我们处于一种状态中,即事件的结果可能不同于我们的预期,那么风险就存在了。"道弗曼(Mark S. Dorfman)认为:"风险可定义为随机事件可能结果的差异,或指有关损失的不确定性。风险程度是指预期随机事件发生的精确度。"哈林顿(Scott E. Harrington)和尼豪斯(Gregory R. Niehaus)认为:"风险通常的含义是指结果的不确定状态,或者是实际结果相对于期望值的变动。在其他情况下,风险也指期望值本身。"特里斯曼(James S. Trieschmann)、古斯特夫森(Sandra G. Gustavson)和霍伊特(Robert E. Hoyt)将风险定义为"与损失相关的不确定性"。

从上述风险研究的相关文献可以发现,主流的风险概念内涵强调风险是客观存在的未来损失的可能性,造成这种可能损失的根源在于环境或者行为具有不确定性。而这种可能性的大小通常可以被测度。风险的测量通常可以从损失的可能性(或概率)以及损失的大小(或程度)两个方面来进行。本书研究的风险包括风险和不确定性两个方面。

5.1.1.2 工程项目风险

风险管理是工程项目管理的核心范畴之一,工程项目风险一旦发生会对至少一个项目目标如时间、费用、范围或质量目标产生积极或消极的影响。

王卓甫将工程项目风险明确界定为"在工程项目目标规定的条件下,该目标不能实现的可能性",关注的是其负面效应。对于工程项目管理而言,工程项目风险可以认为是在工程项目的决策、设计、施工和竣工验收等各个阶段可能遭遇的不确定性事件,这种不确定性可以通过"事件发生的后果"来量化定义。

按照保险学的观点,工程项目风险可分为可保风险和不可保风险,详见图5-1。

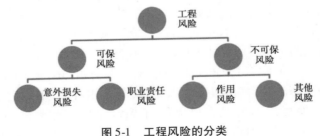

图 5-1　工程风险的分类

5.1.2　项目风险管理的程序

项目风险管理是指项目管理人员对项目可能导致风险的不确定性进行预

测、识别、分析、评估和有效处置,以最低成本为项目的顺利完成提供最大安全保障的科学管理方法。项目风险管理的程序依次是目标建立、风险识别、风险估计、风险评价、风险应对和风险监控。

5.1.3　风险应对的措施

5.1.3.1　工程项目风险分担

工程项目风险分担(Risk Allocation)是指合同(交易)双方将合同可能涉及的不确定性外生随机变量(风险)在合同当事人(委托人和代理人)之间进行分配。

风险分担度则用来表示风险在委托代理双方之间分配的比例。其核心要素包括风险因素的识别、风险责任的承担对象的确定以及风险责任承担大小的划分等。因此,工程项目风险分担即识别工程项目风险,并将其合理划分给项目交易双方,明确特定风险应由交易一方承担或双方共同承担的过程。

随着当今工程项目复杂性提高、参与方增多、风险巨大等特征的变化,风险分担日益受到重视。工程管理界广泛认同工程的项目风险分担的原则是风险与收益对等、风险承担者具有足够的控制力(财务或管理能力)、风险分担结果有利于降低风险、风险实际分担与理想分担方案保持一致等。

5.1.3.2　工程项目风险应对方式

无论国际通行的 FIDIC 合同条款,还是国内通用的合同条件,其风险分担的原则和风险应对的方式都是一致的:可保风险由承包人承担,承包商将可保风险通过建筑工程一切险和第三者责任险转移给承保人;信用风险由承包人承担,发包人通过承保人提供的投标保函、履约保函获得信用担保;其他风险由发包人(招标人)承担,一旦发生后,承包人拥有向发包人索赔的权利。其他风险主要包括 FIDIC 合同条款 20.4 款规定的 8 条业主风险,即:战争、敌对行为、入侵、外敌行为;叛乱、革命、暴动、军事政变、篡夺政权、内战;核爆炸及辐射;超音速波的压力影响;暴乱、骚乱、混乱(不包括承包商和分包商内部);业主不按合同占用工程;工程设计不当(不包括承包商设计的);一个有经验的承包商通常无法预测和防范的任何自然力的作用。

5.1.3.3　工程担保

工程担保是指银行、担保公司、保险公司等担保人,应被担保人要求,向工程合同另一方权利人做出书面承诺,保证被担保人无法完成其与权利人签订的合同中规定义务时,由担保人代为履约或做出其他形式的补偿。

工程担保的作用在于通过信用机制来规范市场行为,加强建设市场各方主体的责任关系。担保的风险转移机制见图 5-2。工程担保最常用的形式有投标保函、履约保函。

图 5-2　担保的风险转移机制

投标保函是指在招投标中招标人为保证投标人不得撤销投标文件,中标后不得无正当理由不与招标人订立合同等,要求投标人在提交投标文件时一并提交的书面担保。投标保函的额度一般为标底的 1% ~3% ,其作用是约束投标人在评标过程直至签订合同期间遵守招标文件和投标文件的规定,不能随意放弃或修改报价和拒绝中标后签订合同;即使最低价中标人拒绝签订合同,也能补充招标人与次低价签订合同带来的经济损失。我国现行招投标中均规定投标人需提交投标保函或投标保证金。投标保函代表着投标人的信誉和承诺,是投标中的信息显示,有利于诱使承包商披露其真实信息,提高业主信息甄别力,减少招投标中的不利选择。

履约保函是指投标人中标后与招标人签订承包合同前,按招标文件和合同的规定到银行申请办理的履行合同规定义务的一种书面契约保证。该契约是保证中标人(承包人)按质、按期、按量地完成其承包工程的银行信用担保。履约保函的额度一般为合同金额的 5% ~10% ,在签订合同前在规定的日期内提交给招标人(发包人)。

5.2　风险态度对投标报价的影响

5.2.1　风险态度的有关研究

根据风险溢价的不同,决策者(投标人)的风险态度分为风险中性、风险规避型和风险偏好型。如果决策者效用函数的二阶导数满足 $u''(\omega)<0$,或效用函数为凹函数,则称决策者为风险规避型;如果决策者效用函数的二阶导数满足 $u''(\omega)=0$,或效用函数为线性函数,则称决策者为风险中性;如果决策

者效用函数的二阶导数满足 $u''(\omega) > 0$,或效用函数为凸函数,则称决策者为风险偏好型(见图 5-3)。

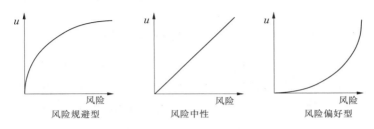

图 5-3　风险态度不同时的效用函数

投标人的风险厌恶程度可以用阿罗 – 普拉特(Arrow Pratt)绝对风险规避系数 $r(x)$ 来度量:$r(x) = -\dfrac{u''(\omega)}{u'(\omega)}$。当 $r > 0$ 时,投标人属于风险规避型;当 $r = 0$ 时,投标人属于风险中性;当 $r < 0$ 时,投标人属于风险偏好型。

若设 α 为与投标人风险态度有关的指数,投标人的效用函数为 $u(x) = x^{\alpha}$ ($\alpha > 0$),则代入 $r(x)$ 可得:

$$r(x) = -\frac{u''(x)}{u'(x)} = -\frac{\alpha(\alpha-1)x^{\alpha-2}}{\alpha x^{\alpha-1}} = \frac{1-\alpha}{x}$$

对于固定的 x,有:

$$r(x) = \begin{cases} > 0 & (0 < \alpha < 1) \\ = 0 & (\alpha = 1) \\ < 0 & (\alpha > 1) \end{cases}$$

由上可知,α 与 r 有一定的对应关系,可以称 α 为风险偏好系数。当 $0 < \alpha < 1$ 时,投标人属于风险规避型,且 α 越小风险规避程度越大;当 $\alpha = 1$ 时,投标人属于风险中性;当 $a > 1$ 时,投标人属于风险偏好型,且 α 越大风险爱好程度越大。

考虑投标人的风险态度后,基于不同风险特征的投标人的效用函数将发生改变。考克斯(Cox J C)首先将第一价格拍卖的风险中性假设条件推广到不同风险态度条件,并得出均衡策略。陈德艳分析了招投标中引入风险态度后的招投标策略,认为在各种风险态度下投标人的最优报价策略始终高于其估价(成本)。杨颖梅也认为当投标人为风险厌恶型即 $0 < \alpha < 1$ 时,当 $\alpha \to 0$ 时,$b^*(v) \to v$,其中 v 为投标人的独立私人估价,并得出第一价格密封招标中

投标人的均衡报价为:

$$b^*(v) = \frac{nv - v + \alpha}{n - 1 + \alpha} \quad (n \geqslant 2, \alpha > 0) \tag{5-1}$$

5.2.2 基于投标人风险态度的招投标博弈分析

上述研究都是假设独立私人估价与投标人的风险态度无关。而实际上,工程的估算成本除了包括正常情况下的工程建设成本外,还包括根据合同文件承包人应承担风险的成本估算。显然,风险成本的估算与投标人的风险态度是有关的。设 v_0 为投标人的无风险成本估价,v_f 为投标人的风险成本估价,则投标人的独立私人估价为:

$$v = v_0 + v_f = v_0 + v_f(\alpha) = v_0 + \alpha v_f \tag{5-2}$$

假设1:在第一价格密封招标模型中有 $n(n \geqslant 2)$ 个投标人参与投标,目的是中标,未中标的收益为0。

假设2:每个投标人的私有成本 $v = v_0 + \alpha v_f$,服从在区间 $[0,1]$ 上的均匀分布,分布函数 $F(v) = v$,概率密度函数 $f(v) = 1$。

假设3:在这个招标中,投标人 i 的报价 b_i 最低,且为私有成本的线性函数。他将赢得招标项目,并将获得招标人给予的与他的报价 b_i 相同的支付,他的私有成本为 v_i。

假设4:出现相同报价是小概率事件,基本不发生。

假设5:投标人之间没有合谋行为。

假设6:投标人的效用函数为常数风险的幂函数。

根据以上假设,投标人 i 的期望收益函数为:

$$v_i = (b_i - v_i)^{\alpha} Pr(b_i \leqslant b_j, j \neq i) = (b_i - v_0 - \alpha v_f)^{\alpha} Pr(b_i \leqslant b_j, j \neq i)$$

在招标中私有成本为 v 的投标人出价最低成为赢者的概率是:

$$p^*(v) = p[b^*(v)] = [1 - F(v)]^{n-1} = (1 - v)^{n-1} = (1 - v_0 - \alpha v_f)^{n-1}$$

因为第一价格密封招标存在对称的贝叶斯-纳什均衡策略,即所有的 $v \in [0,1]$,$b_i(v) = b_j(v) = b^*(v)$。那么,如果某一个投标人的私有成本为 v,他选择 $w \in [0,1]$ 最大化期望收益 $U(v,w) = [b(w) - v]^{\alpha}[1 - F(w)]^{n-1} = [b(w) - v]^{\alpha}(1 - w)^{n-1}$ 的解应该是 $w^* = v$。该投标人期望收益最大化的必要条件为 $\left.\frac{\partial u}{\partial w}\right|_{w=v} = 0$,即:

$$\alpha[b(v) - v]^{\alpha-1}\frac{db(v)}{dv}(1 - v)^{n-1} - (n-1)[b(v) - v]^{\alpha}(1 - v)^{n-2} = 0$$

$$\frac{\mathrm{d}b(v)}{\mathrm{d}v} - \frac{n-1}{\alpha(1-v)}b(v) = -\frac{(n-1)v}{\alpha(1-v)}$$

当投标人的效用函数为 $u(x) = x^\alpha (\alpha > 0)$ 时,第一价格密封招标中投标人的均衡报价函数为:

$$b^*(v) = \frac{nv - v + \alpha}{n - 1 + \alpha} \quad (n \geq 2, \alpha > 0) \tag{5-3}$$

代入 $v = v_0 + \alpha v_f$,得:

$$b^*(v) = \frac{nv - v + \alpha}{n - 1 + \alpha} = \frac{(n-1)(v_0 + \alpha v_f) + \alpha}{n - 1 + \alpha} = 1 + \frac{\alpha(1 - v_0 - \alpha v_f)}{n - 1 + \alpha}$$

$$\tag{5-4}$$

从式(5-4)可以得出如下结论,在第一价格密封招标中:①当投标人为风险中性即 $\alpha = 1$ 时,投标人的均衡投标报价 $b^*(v) = \frac{(n-1)(v_0 + v_f) + 1}{n} = \frac{(n-1)v + 1}{n}$;②当投标人为风险偏好型即 $\alpha > 1$ 时,投标人的均衡投标报价 $b^*(v) > \frac{(n-1)v + 1}{n}$,且随着投标人 α 的增大,投标人的均衡投标报价 $b^*(v)$ 逐渐增加;③当投标人为风险规避型即 $0 < \alpha < 1$ 时,投标人的均衡投标报价 $b^*(v) > \frac{(n-1)v + 1}{n}$,且随着 α 的减小,投标人的均衡投标报价逐渐小,当 $\alpha \to 0$ 时,$b^*(v) \to v_0$;④令 $b^*(v) = v_0 + v_f$,代入式(5-4)可得 $\alpha = \frac{(n-1)v_f}{1 - v_0 - (n-2)v_f}$,也就是说,当 $\alpha < \frac{(n-1)v_f}{1 - v_0 - (n-2)v_f}$ 时,风险规避型的投标人的均衡报价将小于其完全成本 $v(v = v_0 + v_f)$。

5.2.3　经评审的最低投标价法恶意降价的风险分析

一般情况下,经评审的最低投标价法可以采用第一价格密封招标模型进行研究。从5.3.2节的分析中可以看出,当投标人为风险规避型时,其均衡报价都高于其无风险成本 v_0,但当风险偏好系数 $\alpha < \frac{(n-1)v_f}{1 - v_0 - (n-2)v_f}$ 时,其均衡报价小于其完全成本 v;当 $1 > \alpha > \frac{(n-1)v_f}{1 - v_0 - (n-2)v_f}$ 时,其均衡报价大于其完全成本 v。因此,当投标人的风险偏好系数小于一定值时,其报价将低于完全成本,存在恶意降价的可能,这将给招标人带来一定的风险。

国内外的学者研究了风险态度的影响因素。潘魏灵认为,经营者风险偏好的影响因素分为两大类:一类是经营者的个体行为特征,如性别、年龄、财富水平、心理特征等;另一类是外部环境影响因素,如规模报酬因素、经济活动领域因素、团队影响因素、宏观经济因素、报酬支付方式、其他外部因素等。个体行为的存在说明风险态度是客观存在的,人们无法避免;外部环境影响因素的存在,说明风险态度是可以调节和改变的。

5.3 招投标风险调节机制研究

经营者在进行决策时所依据的参照点会随外部环境因素的变化而发生变化。卡尼曼(Kahneman)前景理论(Prospect Theory)有四个基本结论:大多数人在面临获利的时候是风险规避的,即确定效应;大多数人在面临损失的时候是风险喜好的,即反射效应;大多数人对得失的判断往往根据参照点决定,即参照依赖;大多数人对损失比对收益更敏感,即损失效用。决策者的参照点发生了变化,他的风险偏好也可能发生变化。

对于招投标来说,投标人参与投标的目的是中标,能否中标是其决策的参照点。如果在投标前能改变投标人的单一的决策参照点,将能调节投标人的风险偏好和态度。另外,如果在投标人中标前能识别和评估投标人的风险,则可规避相应的风险。

5.3.1 担保对投标人风险偏好的调节作用

5.3.1.1 国外保证担保制度概况

保证担保在发达的市场经济国家是非常常见的一种信用工具。它通过第三方的担保,保证被担保的合同缔约人有能力认真履行合同;合同缔约的对方(受益人)的合同权利得到了妥善的保护,并将被担保人违约的风险转移给了保证人;保证人在赔付之后即获得向被担保人追偿的权利,将合同信用风险最终又转移回了风险源,从而增强了被担保人的履约自律。由于建设工程先签订合同后建造、履约周期长、涉及合同金额巨大、风险因素复杂的特点,建筑业对履约信用高度依赖,工程保证担保成为国际惯例。但是,国际工程保证担保制度并没有现成的统一模式,各国担保制度见表5-1。

表 5-1　国外工程保证担保制度对比表

国家	担保模式	保函额度		
		投标保函	履约保函	其他保函
美国	有条件		100%	
加拿大	有条件		50%	
墨西哥	无条件	(1~10)%	(10~20)%	(25~100)%(预付款)
英国	无条件		10%	
法国	无条件		5%	
德国	无条件	(1~5)%	5%	
意大利	无条件	2%	10%*	
荷兰	无条件	(5~10)%	(5~20)%	
澳大利亚	无条件		(5~10)%	
日本		5%	替补承包商	
韩国		5%	10%+替补承包商	
新加坡	无条件		(5~10)%	

注：*表示当中标金额与标底相差 20%以上时，意大利要求中标人增加差额担保。

　　国际工程承包保证担保主要包括高保额有条件保函模式、低保额无条件保函模式和替补承包商保证担保模式。所谓有、无条件是指被保证人索赔时是否需要设定条件。有条件保函要求担保公司的赔付必须基于被担保人的违约责任。承包商违约后，保证人在保函所规定的担保总额内将对承包商尚未履行的全部合同责任负责，但同时也继承了承包商的合同权利，有权自行选择代为履行合同的方式。

　　随着中国建筑业参与国际竞争以及越来越多的国际投资进入中国市场，工程保证担保的思想在中国逐渐得到了传播。其中，世界银行和亚洲开发银行对其在中国境内的投资项目也依惯例实行强制性工程保证担保，对于工程保证担保在中国建筑业的应用起到了示范和推动作用。如今，越来越多的有识之士认识到通过工程保证担保可解决中国建筑业市场中招标不规范、合同履行不良的问题。在中国建筑市场日益开放的背景下，熟练运用工程保证担保制度这一国际惯例也日显其迫切性。

5.3.1.2　投标担保对投标报价的影响分析

在经评审的最低投标价法的招标期间,招标文件中对投标保函的规定可克服委托人的信息劣势以及解决代理人的道德风险问题,对最低价中标进行矫正。招投标中引入投标担保机制后,招标人和投标人之间的静态博弈变为动态博弈,见图5-4。

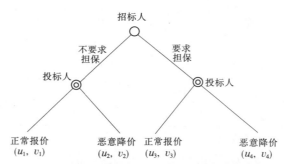

图5-4　经评审的最低投标价法的报价博弈模型

假设:招标人采用经评审的最低投标价法,设置招标控制价 c_0;投标人的成本为 c(含投标费用 c_p),办理投标保函的费用为 c_b,投标人正常报价时中标的概率为 P,恶意降价中标的概率 $P' > P$。令 (u, v) 分别代表招标人和投标人的支付,模型中的支付可分别表示为 (u_1, v_1),(u_2, v_2),(u_3, v_3),(u_4, v_4)。

当招标人不要求投标保函时,投标人正常报价 $b = c + (n-c)/k$,恶意降价的报价 $c' < c < b$,则:

$$(u_1, v_1) = (c_0 - c - (n-c)/k, P(n-c)/k - c_p(1-P))$$
$$(u_2, v_2) = (c_0 - c' - c_b, P(c'-c) - (c_p + c_b)(1-P))$$

当招标人要求投标保函时,承包商成本为 $c + c_b$,正常报价 $b = c + (n-c)/k + c_b$,恶意降价后的报价为 $c' + c_b$;由恶意降价带来的道德风险行为带来的损失 $c_m \gg c_b$,则有:

$$(u_3, v_3) = (c_0 - c - (n-c)/k - c_b, P(n-c)/k - (c_p + c_b)(1-P))$$
$$(u_4, v_4) = (c_0 - c - (n-c)/k - c_m, P(n-c)/k - c_p(1-P))$$

在该博弈模型中,博弈树的所有信息集都是单结的,招标人的招标行为在先,在招标文件中事先确定是否需要投标人提交担保;投标人的投标行为在后,而且通过招标文件能准确地知道招标人是否要求投标保函。所以,该博弈为完美信息博弈。采用逆向归纳法可以得 (u_3, v_3) 为该完美信息博弈的精练纳什均衡,即招标人要求投标保函、投标人正常报价的情况下,达到子博弈精练纳什均衡。

通过招标人和投标人的动态博弈分析,在采用经评审的最低投标价法时,将招标人和投标人作为博弈双方,经过动态博弈,其均衡策略是招标人要求提供投标保函、投标人正常报价。这说明投标保函对抑制恶意降价有一定作用。

但是,在经评审的最低投标价法条件下,博弈的参与人主要是投标人之间通过价格的博弈获得中标。在投标人之间的博弈中,每个投标人都需提供投标保函,因收益基本相同,可予以忽略。因此,对招投标过程来说,投标保函不具备激励相容的条件,对抑制恶意降价没有必然有效的作用。

5.3.1.3　履约担保对风险态度的调整作用

与投标保函相同的道理,在采用经评审的最低投标价法时,博弈的参与人主要是投标人之间通过价格的博弈获得中标;无论哪个投标人中标,都需提供履约保函,因收益基本相同,可予以忽略,也不具备激励相容的条件,对抑制恶意降价没有必然有效的作用。

为了降低最低价中标给招标人带来的恶意降价风险,意大利最早使用了差额保函。当中标金额与标底相差 20% 以上时,意大利要求中标人除提交正常的 10% 履约保函外,另外增加差额担保。深圳和厦门最早引进了差额担保用于经评审的最低投标价法的项目招标,在履约保函之外增加担保额度为投标最低限价与中标价之差的差额担保。由于差额担保的使用,深圳多数项目的履约担保实际总金额达到合同金额的 20% ~ 60% 。后来,武汉、重庆、南京等城市也先后实行了差额担保制度,担保额度为招标控制价(最高投标限价)与中标价的差额。

没有差额担保时,所有投标人只关注是否中标。差额担保的引进改变了招投标中投标人的决策参照点,在关注是否中标的同时,还关注中标后是否提供高额的履约保函。履约保函对招标人(发包人)是保护,对中标人(承包人)却是风险和成本的增加。根据卡尼曼前景理论,决策者的参照点发生了变化,他的风险偏好也可能发生变化。这时,风险规避型的投标人在报出低价以求中标时必须考虑,中标后是否愿意承担高额履约担保的手续费和没收保函的风险。一般情况下,答案是否定的。这就促使风险规避型的投标人向风险中性靠近,从而避免恶意降价的效果。因此,在使用经评审的最低投标价法时应推广应用差额保函,以保护招标人的利益,维护建筑工程招投标市场的正常运行。

但是,我国部分城市现行的差额担保制度也存在着不足:①在正常报价中标的情况下,增大了中标人的负担;②差额担保以招标人制定的招标控制价为参考,招标控制价有时会脱离市场行情;③差额担保方式多采用资金担保的形式,未发挥银行保函在资信审查和超额手续费惩罚方面的有效作用。可从担保额度和担保方式两个方面改进现行差额担保制度。

在担保额度方面,应以合理的投标人报价为参考。采用次低价作为参考标准有一定的合理性,相当于变相采用维克里(Vickrey)著名的第二价格密封拍卖的"讲真话"机制,它是一种激励相容机制;但次低价与最低价差额太小,且两个价格不能排除串标的可能,不能代表市场价格水平。第三价格虽存在不诚实信用的可能性,但它基本上能反映市场价格水平,可以作为差额担保的参考标准。建议差额担保的担保额度为:

$$G = k(c_3 - c_1) \tag{5-5}$$

式中,c_1 为最低投标价;c_3 为第三低投标价;k 为招标人根据项目风险情况确定的调节系数。

也就是说,最低投标价与第三低投标价相近时,风险较小,中标人的差额担保不需太高;最低投标价与第三低投标价相差太大时,风险较大,中标人有恶意低价中标的嫌疑,需提交担保额度较大的差额担保。在差额担保的担保方式方面,建议使用银行保函并对差额保函收取大大超过履约保函的超额手续费,发挥银行保函在资信审查和超额手续费惩罚方面的有效作用。

在大型水利水电工程的招投标中,尚无使用差额保函的先例。现采用3.6节中的投标报价数据验证差额保函的效果。根据表3-6中的数据计算,如果西霞院反调节水库招标采用经评审的最低投标价法进行评标,经评标未发现较大风险,价格调整未改变投标报价顺序,中标人签订合同之前需提交10%的履约保函和参照第三低投标价的差额保函($k=1$),一标、二标、三标、四标、五标应提交的差额保函的金额和比例见表5-2。从数据可看出,一标的差额保函占中标价的比例最高,为27.2%;三标的差额保函占中标价的比例最低,为4.1%。可见,如采用经评审的最低投标价法,一标的风险最大。

总之,差额保函符合激励相容的原则,能够改变投标人的风险态度,进而避免恶意降价的发生。但是,差额保函与我国的有关规定不相适应。《招标投标法实施条例》第五十八条规定:招标文件要求中标人提交履约保证金的,中标人应当按照招标文件的要求提交。履约保证金不得超过中标合同金额的10%。建议国家立法部门取消该条例中履约保证金10%的上限规定。

另外,根据意大利的经验,差额保函的手续费一般高于正常履约保函手续费,才能更好地发挥差额保函的作用。因此,建议有关部门提高差额保函的手续费,采用累进制的费率,差额越大则手续费越大,以更好地发挥差额保函调节投标人风险态度的作用。

表 5-2　差额保函测算表

项目	一标	二标	三标	四标	五标
最低投标价 （中标价）（万元）	3 756.24	5 226.25	5 382.57	20 850.85	6 602.93
第三低投标价 （万元）	4 777.68	6 258.47	5 600.62	23 986.42	6 933.08
履约保函 （万元）	375.62	522.625	538.257	2 085.085	660.293
差额保函 （万元）	1 021.44	1 032.22	218.05	3 135.57	330.15
差额保函比例 （％）	27.2	19.8	4.1	15.0	5.0
原中标价 （万元）	4 393.19	6 258.47	5 826.67	24 321.23	6 933.08
节约投资 （万元）	636.95	1 032.22	444.10	3 470.38	330.15

5.3.2　评标过程中的风险影响调节

5.3.2.1　通过初评审查围标风险

评标过程中的初评是发现围标风险的重要一环。由于围标人需在较短的时间内同时做几份甚至十几份投标文件,围标的蛛丝马迹常常显露在投标文件中。评标专家可抓住以下几个疑点:①内容和格式非正常一致;②错漏一致;③报价和组成一致;④投标文件混装;⑤投标保证金账户一致;⑥项目管理班子完全和部分一致。如判断为串标嫌疑,可按照招标文件的规定视为废标。

5.3.2.2　通过详评识别价格风险

采用经评审的最低投标价法评标,建议只将通过初评合格的报价最低的

5 份投标文件列入短名单,进行详评。投标人制作投标文件时间较紧,难免存在疏漏,甚至隐藏风险。评标专家根据自己的经验可发现投标文件中的较大风险,如漏项、价格异常低、重点技术偏差和商务偏差等。

5.3.2.3 通过澄清评估价格风险

评标过程中的澄清是非常必要的环节,国内的评标中常常忽视。《招标投标法》第三十九条规定:"评标委员会可以要求投标人对投标文件中含有不明确的内容作必要的澄清或说明,但是澄清或说明不得超出投标文件的范围或者改变投标文件的实质性内容。"只有通过当面澄清和书面确认才能确定详评中识别的风险,然后量化价格,保证评标的公平性和科学性。评标委员会集体确定 3 家以上风险较大的投标人进行问题澄清。

5.3.2.4 通过量化风险因素调整价格风险

经澄清确定存在风险的,评标委员会应按照招标文件规定的量化因素和指标进行费用折算,确定评标价。

量化因素的方法主要有:价值工程方法可折算质量标准因素;资金时间价值法可以折算付款条件和工期因素;参考价格法可计算工程漏项问题;其他风险可综合使用以上方法进行转换。

5.3.3 风险调节机制研究结论

通过 5.3.1 节和 5.3.2 节的研究,可以得出如下结论:

(1)投标保函和履约保函对抑制投标人恶性降价有一定作用,但不是必然有效的预防机制。

(2)差额保证改变了投标人决策的参照点且符合激励相容条件,可以调整投标人的风险态度,起到投标前预防投标人恶意降价风险的作用。

(3)评标澄清可以在投标后发现和确认投标人恶意降级的风险,通过量化风险因素和价格调整,调节投标人恶意降价的风险影响,起到投标后阻止恶意降价风险的作用。

因此,招投标的风险调节机制包括投标前的差额担保措施和评标中的澄清措施。招投标的风险调节机制具有事前的风险态度调节功能和事中的风险影响调节功能,可有效防止经评审的最低投标价法下的恶意降价风险,因此建议在采用经评审的最低投标价法时采用风险调节机制,以弥补经评审的最低投标价法本身的不足。

5.4　应用举例

5.4.1　差额保函的风险态度调节运用

某城市的地铁规划总里程 225 km,总概算约 400 亿元,计划分三期施工。考虑到地铁施工技术性要求高,国内施工经验较少,第一期工程招标采用综合评估法公开招标。评标标准为技术部分占 60 分,商务部分占 40 分,评标基准价为有效投标报价的平均值。经评标选取了综合实力较强的几个投标人中标作为各标段的施工单位,中标综合指标约 1.75 亿元/km。施工单位较顺利地完成了施工任务,地铁线路按期实现了通车。

第二期地铁工程施工招标时,恰逢物价上涨严重,审批的概算可能包不住;考虑到国内地铁施工经验逐步走向成熟,招标人决定采用经评审的最低投标价法进行第二期地铁施工招标。同时,为了防止投标人串通抬高标价,招标中设置了最高投标限价。经过评标,招标人选取了评标价最低的几个投标人中标作为各标段的施工单位。中标平均指标约 1.61 亿元/km,在物价上涨的情况下比概算指标低;其中最低的中标价约 1.5 亿元/km,大大低于招标人的预期。但是,在随后的施工过程中,中标单位因价格较低出现积极性不高的现象;部分标段与招标人发生合同纠纷和索赔,甚至出现质量事故和安全隐患。

在第三期地铁工程施工招标时,招标人吸取第二期工程招标中的经验和教训,在继续采用经评审的最低投标价法和设置最高投标限价的同时,采用了本书建议的风险调节机制调节投标人的风险态度,差额担保的担保额为最高投标限价与中标价之差。第三期地铁工程施工招标中由于使用了差额担保措施形成激励相容,投标人的风险态度有所改变,中标平均指标回升到 1.70 亿元/km 左右,没有出现恶意低价中标的情况。第三期地铁工程项目施工的顺利进行,验证了本书建议的风险调节机制的有效性和实用性。

5.4.2　评标过程的风险影响调节案例

国内某大型水利枢纽工程采用国际招标,其采用的最低评标价法与现行经评审的最低投标价法几乎相同。有 10 家投标人参加投标,均通过了初评。经评标委员会详评,确定了进入短名单的 3 家投标人:A 报价为 250.9 亿元,经算术校核、优惠调整和其他招标文件规定的调整后的报价为 267.3 亿元;B 报价为 258.5 亿元,经算术校核、优惠调整和其他招标文件规定的调整后的报价为 268.0 亿元;C 报价为 308.4 亿元,经算术校核、优惠调整和其他招标文件规定的调整后的报价为 310.1 亿元。同时发现 3 家投标人都存在潜在风险,为此,采用了本书建议的风险调节机制,评标过程中进行了严密的澄清工作。

经评标委员会向列入短名单的投标商进行书面澄清,A 投标人仍保留以下商务偏差:①对所有指定供应材料的价差要求增加 35% 的管理费。经评标委员会估算,上述价差管理费约为 1.3 亿元;②供给其他标段混凝土骨料的价差要求进行调价,经估算此项要求增加 2 413 万元。B 投标人仍保留以下商务偏差:①要求对所有指定供应材料的价差增加 29% 的管理费。经估算,上述价差管理费约为 1.3 亿元;②要求对各项应付关税增加 8.7% 的管理费。经估算,此项要求增加 2 513 万元。C 投标人没有偏差。

评标委员会与 A 投标人和 B 投标人举行了澄清会。A 投标人最终保留偏差不变,B 投标人放弃了指定供应材料的价差增加 29% 的管理费的要求。通过澄清确认风险后,评标委员会按世界银行贷款采购导则和招标文件的规定,对于个别非实质性的偏离条件考虑予以适当的接受,但对投标商提出的偏离和保留条件以贴现方式进行了定量计算,计入合适的定量修正值并计入评标价,投标人 A、B、C 的最终评标价为 268.8 亿元、268.2 亿元和 310.1 亿元。评标委员会推荐投标人 B 为中标人,得到世界银行的批准。

该工程在实施过程中虽然遇到了严重的地质条件的变化,但发包人和承包人采取了各种有效措施,保证了工程按期截流和发挥效用,验证了本书建议的风险调节机制(风险影响调节)的有效性和实用性。

5.5　本章小结

本章在分析工程项目风险及应对措施的基础上,利用博弈论研究了风险态度对投标报价的影响,分析了差额担保和评标澄清在招投标风险调节机制中的作用,以避免经评审的最低投标价法带来的恶意降价等不当竞争现象的发生。主要研究结论如下:

(1)工程的估算成本包括投标人的无风险成本估价 v_0 和投标人的风险成本估价 v_f。风险成本的估算与投标人的风险态度有关。经博弈分析,当投标人为风险规避型即 $0 < \alpha < 1$ 时,投标人的均衡投标报价 $b^*(v) > \dfrac{(n-1)v+1}{n}$,且随着 α 的减小,投标人的均衡投标报价逐渐减小,当 $\alpha \to 0$ 时,

$b^*(v) \to v_0$，说明投标人的均衡报价大于其无风险成本估价。当 $\alpha <$ $\dfrac{(n-1)v_f}{1-v_0-(n-2)v_f}$ 时，风险规避型的投标人的均衡报价将小于其完全成本 $v(v=v_0+v_f)$。

（2）经博弈分析，投标保函对抑制投标人恶性降价有一定作用，但投标保函和履约保函在招投标阶段都不具有激励相容条件，不是必然有效的预防恶意降价机制。

（3）差额保证改变了投标人决策的参照点且符合激励相容条件，可以调整投标人的风险态度，起到投标前预防投标人恶意降价风险的作用。

（4）评标澄清可以在投标后发现和确认投标人恶意降价的风险，通过量化风险因素和价格调整，调节投标人恶意降价的风险影响，起到投标后阻止恶意降价风险的作用。通过某城市地铁工程招标的实际应用，验证了本书提出的差额担保在调节投标人风险态度方面的有效性和实用性。

（5）招投标的风险调节机制包括投标前的差额担保措施和评标中的澄清措施。招投标的风险调节机制具有事前的风险态度调节功能和事中的风险影响调节功能，可有效防止经评审的最低投标价法下的恶意降价风险。通过某大型水利枢纽工程招标的实际应用，验证了本书提出的评标澄清在调节投标人风险影响方面的有效性和实用性。

（6）鉴于差额担保是避免经评审的最低投标价法下恶意降价的有效手段，建议国家立法部门取消《招标投标法实施条例》中履约保证金 10% 的上限规定。建议有关部门提高差额保函的手续费，采用累进制的费率，差额越大则手续费越大，以更好地发挥差额保函调节投标人风险态度的作用。

第6章 水利水电工程内生性招投标机制研究

由于多方面的原因,我国的招投标还停留在低水平的运行和实施阶段,工程界和学术界尚未系统地认清工程招投标自身的运行机理,缺乏科学、有效的发展路径选择。

按照自然辩证法的观点,人们对事物的认识都是从形象到概念、从特殊规律到一般规律。对招投标的认识也遵循这个规律和路径。国内从1982年引入招投标的形式并开展试行和推广,工程建设领域广泛认可了招投标的概念,这是招投标认识的第一步。《招标投标法》出台后,我国政府强制实行招投标制度,却出现了严重的规避招标、假招标、串通投标等一系列问题,人们深刻地认识到了招投标的"公开、公平、公正和诚实信用"的性质,思想有了飞跃,随后我国出台了《招标投标法实施条例》,这是认识招投标的第二步。在国外公共项目采购中产生的招投标,引进到中国后产生了种种怪相,这说明我国对招投标的规律还未深入认识。如何破解我国招投标的悖论,跨越招投标认识的第三步,需要从认识招投标的内在运行机理入手。

我国的招投标实践只是概念和形式的引进,偏重招投标的程序和监督,对程序背后的机理缺乏深入、系统的总结,导致头疼医头、脚痛医脚的简单应对现象,虽然花费的成本巨大,却不能从根本上解决招投标中存在的问题。因此,有必要从招投标机理的概念出发,建立起招投标机制的基本框架,理清招投标自身的运行规律,指导水利水电工程招投标实践工作。本章将在第3章、第4章和第5章研究的基础上,研究招投标机制及其功能,建立符合招投标内在运行规律的实施机制和程序,分析其优越性,并运用到水利水电工程招投标实践中去。

6.1 概 述

6.1.1 招投标机制

"机制"一词最早源于希腊文,原指机器的构造和动作原理。现代科学革命使人类科学从简单性走向复杂性,一个重要的表现是从机械论走向机制论。机制现已被广泛应用于自然现象和社会现象的研究中,它指其内部组织和运行变化的规律。机制引入经济学的研究产生了"经济机制",它表示一定经济体内各构成要素之间相互联系和作用的关系及其功能。因此,更广泛地、更准确地讲,机制就是一个系统的组织或部分之间相互作用的过程和方式。事物各个部分的存在是机制存在的前提,协调各个部分之间的关系需通过机制的作用。

机制也可理解为"机理 + 制理"。根据《汉语大词典》的解释,机理是指有机体的构造、功能和相互关系,或某些自然想象的物理、化学规律。经济学中的机理是指经济体自身内在的一套运作理论,它研究的是经济制度为什么运行及如何运行的基本原理。所谓制理,就是用制度去管理。南朝刘勰在《文心雕龙·诸子》中说"申商刀锯以制理",这里制理同治理。

制度包括正式制度和非正式制度。制度的实施机制是指制度内部各要素之间彼此依存、有机结合和自动调节所形成的内在关联和运行方式。实施机制的建立根源于交换的复杂性、人的有限理性以及信息的不对称。

常说的管理机制是以管理结构为基础和载体,是管理系统的内在联系、功能及运行原理。主要包括运行机制、动力(激励)机制和约束机制。运行机制是指系统事物进行正常运行时,各要素间所必需的一系列相互关联的规则、程序和由这些规则程序形成的整体秩序。运行机制有行政 – 计划式的运行机制、指导 – 服务式的运行机制和监督 – 服务式的运行机制等外生性的运行机制,也有依靠管理系统内部因素之间的相互联系和相互制约的内生性运行机制。

工程招投标的本质和目的是市场机制下的建筑施工合同的成立过程,它属于经济活动。我国引进了国际通行的 FIDIC 招标程序并建立了招投标制度。招投标制度是在一定历史条件下形成的,旨在制约和控制招投标行为而设定的,被广泛接受、公认和遵守的,由权威予以保障的规则和习惯。因此,招投标机制是指招投标制度运行和实施的各要素间所必需的一系列相互关联的规则、程序和由这些规则程序形成的整体秩序。

像汽车有发动机系统、刹车系统、控制系统一样,招投标机制也有其必要的组成部分。机制的建立,一靠体制,二靠制度。可以通过改革体制和制度达到转换机制的目的。在机制的形成上,制度的作用更加直观,而且体制与制度不能完全分离,而应相互交融。制度可以规范体制的运行,体制可以保证制度的落实。

6.1.2 有关招投标机制的研究

国外研究招投标机制主要基于机制设计理论。赫维茨(Hurwicz L)1960年在《社会科学的数学方法》上发表的论文《资源配置过程中的信息效率和最优化》首先考虑了机制设计问题,他把机制定义为一种信息交换系统和信息博弈过程,这样经济机制的比较就转化为信息博弈过程均衡的比较。1973年,赫维茨在《美国经济评论》杂志上发表的论文《资源分配的机制设计理论》提出了"激励相容"概念,奠定了机制设计理论的框架。机制设计理论的核心思想是在信息不对称的情况下,如何设计一套制度,以实现委托人与代理人之间的信任以及保证机制正常运行,它涉及参与约束、信息效率和激励相容等方面的问题。从思想上和设计目标上看,机制设计可以分为两支,即委托人预期收益最大化的"最优机制"和整体社会的效率最优的"效率机制"。评价经济机制优劣的基本标准有三个:资源的有效配置、信息的有效利用和激励相容。梅尔森开创性地将机制设计理论应用于拍卖理论。1981年发表在《运筹学研究》上的论文《最优拍卖设计》为招投标机制研究奠定了理论基础。拉方特(Laffont)和马特(Martimort)发展了一种使合谋(Collusion)融入一般性机制设计的分析框架,车(Che)和金(Kim)以及巴甫洛夫(Pavlov)的研究表明,在某些拍卖情形下,次优的结果能够以防合谋的方式得到执行。这些研究主要针对的是经济机制下的信息博弈,涉及的拍卖和招投标机制也未直接述及招投标机制的构成要素,从研究内容上隐含着招投标机制的竞争规则和合谋防范。

赵青松在国内最早进行了招投标机制研究,运用博弈论和信息经济学分析了竞标机制、合同签订和中介机构激励。秦旋和何伯森分析了招投标机制的本质,提出招投标机制的本质是信息不对称下的资源配置机制,需满足激励相容和个人理性的约束条件。梁世亮对我国招投标机制进行了探究,分析了招投标机制在降低交易成本、规范竞争行为和准确传导价格信息等方面的功能。罗伟和王孟钧运用机制设计理论对中国建筑市场存在的市场机制问题、交易机制问题、委托代理问题和信用机制问题进行了分析。刘建兵和任宏在研究工程项目招投标中的委托代理关系后,提出建立建设项目价格激励机制和约束机制设计。刘嫱和段文生对 FIDIC 合同条件的运行机理进行了初步探讨。这些研究多是国外机制设计理论、拍卖理论和博弈论的具体运用,未能回答招投标机制的组成因素和相互作用。

6.1.3 国内现有研究存在的问题

从国内现有的招投标机制研究来看,主要存在以下问题。

6.1.3.1 招投标的机理研究不深

招投标的机理和机制研究缺乏,致使有关的行政法规和规章自相矛盾,违背了市场规律。因对招投标的机理了解不深,导致出现问题时总是头疼医头、脚痛医脚,花费的成本非常巨大,却不能从根本上解决招投标中存在的问题。

6.1.3.2 招投标机制研究视野较窄

在现今的理论研究和实践中,只偏重了招投标的竞争机制和约束机制,对与之相关的各种风险的识别、评估、规避和转移关注不够。

6.1.3.3 招投标研究与实际脱节

在国内的招投标研究中,存在两种极端。要么是纯学术的研究,由于忽略了招投标的工作实际,或者得出的结论与实践相左,或者无法指导招投标的实践;要么只是招投标的程序介绍或经验总结,未能上升到理论高度。

6.1.3.4 研究的角度以投标人为主

学者的研究多是站在投标人或监督者的角度,而站在招投标的发起者和最重要的参与者招标人立场上研究招投标机制的几乎没有。

6.2 水利水电工程招投标机制的选择

6.2.1 水利水电工程的特点

与其他类型的土建工程相比,水利水电工程全部以建有大坝为主要特征,因而具有其特殊性,主要表现在以下几个方面。

6.2.1.1 公益性

大型水利水电工程绝大多数具有防洪、灌溉等公益性功能。按照公益性大小,它又分为公益性项目和准公益性项目。少数大型水利水电工程虽没有公益性功能,但它的建设和安全涉及库区和下游广大人民群众的生命财产安全,也具有很大的公众利益性。因此,大型水利水电工程建设必须进行公开招标。

因涉及广泛的公众利益,大型水利水电工程全部由国有资本控股进行建设。现阶段,大型水利水电工程的项目法人主要有水利部门企事业单位和国有电力公司。从历史延续上讲,大型水利水电工程的招投标有其固有的行业习惯和惯例。

6.2.1.2　差异性

因为坝址的地形、地质、水文条件差异较大,开发目标各不相同,因此大型水利水电工程之间的差异非常大,世界上找不出两个相同的大坝。

出于地形制约和减少工程量的考虑,大型水利水电工程常布置有一定的地下工程;大坝和其他建筑物有防渗的要求,基础处理多是隐蔽工程。这些隐蔽工程施工的质量、进度和安全都与地质因素密切相关。

6.2.1.3　水制约性

大型水利水电工程都涉及施工截流和导流;蓄水应在非汛期实施;施工基坑都有防汛和度汛的任务;隐蔽工程都有防渗和截渗的需求。大型水利水电工程的施工受到地下水和地表水的双重制约。

6.2.1.4　巨型性和长期性

大型水利水电工程的巨型性表现为工程量巨大、施工场面宏大、施工强度高、大型设备多、交叉施工多、投资额巨大。由于工程量大、交通不便和洪水制约,大型水利水电工程的建设期一般较长,多为 10 年左右。超长的工期会带来物价、法规等因素的变化。

6.2.1.5　风险性

因以上特殊性,大型水利水电工程的施工受地质、水文、地形、施工方法、交通、当地经济、社会、人文等多重条件的影响,在较长的工期中存在的风险比一般工程大得多。

6.2.2　招投标机制的核心

工程招投标的本质是市场机制下的建筑施工合同的成立,招投标的目的是签订施工承包合同。招投标机制的核心任务是解决签订合同过程中的市场配置效率问题。由于招投标过程中信息的不完全和不对称,招标方和投标方都追求预期效用最大化,招投标机制需取得博弈的均衡,避免市场失灵、做出错误决策和资源配置的不合理。因此,水利水电工程招投标机制应满足以下条件:

（1）结合水利水电工程的特点。水利水电工程在技术上的最大特点是风险多、风险后果严重,因此招投标过程中要严格管理风险,使风险保持在可控制的状态。水利水电工程在管理上的最大特点就是公益性,其投资来源于公共财务,其建设单位是国有企业,所以水利水电工程的招投标必须防止委托人的失职、渎职和代理人的道德风险,保证公共资源高效用于公益性项目。

（2）解决市场配置效率的问题。市场是解决资源配置效率问题的有效手段，竞争是市场经济的法则。招投标的目的就是通过公平的市场竞争，选择最有能力、使用资源效率最高的招标人中标，获得资金、人力、材料等资源的支配权，以最低的成本和最节约资源的方式完成工程建设项目。

（3）考虑招标人利益最大化的需求。招标人是招投标活动的发起者，也是招标标的物的拥有者和使用者，没有招标人就没有招投标，不能实现招标人的利益也就没有招投标存在的必要。因此，招投标机制必须以满足招标人的正当需求为首要任务，以招标人的立场和角度建立和完善招投标机制。

（4）符合投标人参与约束的条件。招标人设计的招投标机制应使较多的投标人愿意参与投标，通过这个机制使能力最强的投标人中标，中标人凭借自己能力完成工程建设任务后能获得合理的收益，这个收益应高于社会平均收益水平。

（5）满足激励相容的条件。招投标机制应充分考虑到投标人和中标人都是自利的。因此，招投标机制应建立适当的激励机制，使得投标人的利己行为与招标人的目标相一致，投标人在实现自己利益最大化的同时使招标人的最大收益得以实现。

（6）适合中国现阶段的实际情况。在中国实现市场经济体制时间尚短的条件下，招标人和投标人都没有完全摆脱计划经济思想的束缚，都不是理性的经济人，而且法制观念淡薄，诚信理念缺失，风险意识不足。这造成招投标市场既存在围标、串标等不法谋利现象，也存在恶意降价的不当竞争现象。招投标机制应减轻和避免这些情况的发生和延续。

6.2.3　内生性和外生性招投标机制的选择

我国水利水电行业最先引进和使用了招投标机制，并在较长的时间内在招投标理念和实践上保持着国内领先的地位。这是因为改革开放之初，我国引进外资的项目主要集中在水利水电工程方面。在国内没有相关规定和法律的情况下，水利水电行业利用自己的天时地利条件，以极大的勇气和创新精神，创造性地应用了国际招标的有关惯例，写下了中国招投标历史上光辉的第一页。

《招标投标法》颁布后，法律规定的招投标机制在全国铺开。水利水电行业的优势不在，原有的先进理念必须强制回归国内的具体实际。法制是强制的，也是公平的，所有招投标行为必须满足《招标投标法》的强制规定，水利水电行业与其他行业站在了同一起跑线上。

然而,法律不是万能的,也有空隙被招投标的参与者有意利用。随着《招标投标法》实施的不断深入,招投标市场出现了与法律的意愿相悖的逆流,招标人肢解项目、规避招标、暗箱操作,不法标头围标、串标、倒卖中标,无奈的投标人只有降低报价以博取中标的可能。这种势头引起了地方建设部门的注意,各地根据各自的情况自发地研究可能的措施,以行政规章的方式创新招投标方法,以弥补法律的空白,治理招投标市场乱象。在这轮管理方式竞赛中,水利水电行业由齐头并进变为落后一步。

在总结各地治理招投标乱象的经验的基础上,2011 年国务院颁布了《招标投标法实施条例》,为治理招投标乱象提供了法律支持。但是《招标投标法实施条例》实施以来,招投标市场的乱象并未从根本上得到遏制,围标、串标、恶意降价的风险依然存在。在这种情况下,水利部 2012 年 5 月印发《关于推进水利工程建设项目招标投标进入统一规范的公共资源交易市场的指导意见》,规定水利工程建设项目招标投标自 2012 年 7 月 1 日起逐步进入公共交易市场。这一措施虽能减少政府行政干预、部分约束招标人的行为,但不能阻止投标人的合谋与恶意行为。

通常说的招投标机制,无论是国家法律推行的,还是部门和地方规章规定的,都不是招投标行为自身进化的结果,也不是招投标行为主体的自主选择。我国招投标从来都不是自发性行为,而是政府强制性行为。从 1982 年根据世界银行贷款的要求开始招标,到实行《招标投标法》和《招标投标法实施条例》,无一不体现我国工程招投标的强制性。如果缺少了国家的强制性措施,中国的招投标市场将不会出现。国家强制实施招投标的本意是好的,但制定的规则无论多么完善,在实施的过程中总有一些可被利用的漏洞。这些机制都是靠外部的强制力量推行和改变的,招投标行为主体只能被动接受,它具有外生性。

外生性招投标机制有以下主要特征:①外部决定性。招投标的行为和结果是由招投标的主体之外的强制力量决定的,不是招投标主体的自觉行为和自愿结果;违犯机制的规定需依靠外部力量惩罚,而不是依靠机制本身进行选择。②稳定性。外生性招投标机制制定后将在一定时期内持续有效,保持较强的稳定性。其间出现机制不能覆盖的新情况,外生性招投标机制将表现为供应不足、适应性低、运转失效。③低效性。招投标主体对外加的强制约束具有天然的抵触性,会采取变相的手段使机制空转。而制定并实施新的机制需要相当长的时间。由于外生性招投标机制采取事后追究的处罚机制,官僚机构纠错的效率较低。④通用性。外生性招投标制度的出发点是适用各行各业的各种情况,对具有个性的问题缺乏应对机制。

显然,外生性招投标机制已经出现供应不足的问题,不能适应现阶段招投标市场的需求。水利水电行业应在外生性招投标机制之外,建立起内生性招投标机制,作为外生性招投标机制的补充、配套和完善的机制,通过外生性招投标机制和内生性招投标机制的良性互动,实现水利水电工程招投标的公开运行、科学选择、持续有效,为构筑诚实信用的建筑工程招投标市场做出贡献。

6.3　内生性招投标机制研究

6.3.1　内生性招投标机制的机理

6.3.1.1　内生性招投标机制的概念

内生性是实体经济共同的特性,它指在经济体系内部因素或内部力量激发的影响力。这个概念的要点是内生性由内部因素产生,通过内部因素之间的相互作用而运行,受外部因素的约束,其运行结果影响着外部因素。

因此,内生性招投标机制是指根据招标人的意愿,得到投标人响应,通过招投标内部因素间的良性互动实现激励相容的招投标运行方式。

招投标是一种彻头彻尾的市场行为,招投标产生的目的是切实保障投资者的利益。作为出资方,投资者希望能有一种有效的方法来确定合理的工程价格。从 FIDIC 合同条款可以看出,招投标工作的根本目的就是投资方利益至上。假设在市场上投资方的利益不能得到有效的保护,那么投资会减少,市场将萎缩。保护投资者就是保护投资和保护市场。

由内生性招投标机制的概念可见,它是由招标人的意愿产生的,站在招标人的立场上考虑问题;同时它又满足参与约束,投标人愿意响应;其结果是激励相容,使投标人的自利行为产生招标人期望的资源配置最大化。

6.3.1.2　内生性招投标机制的构成要素

招标人是招投标行为的发起者,它的需求是招投标行为的主要需求。总体来说,招标人的核心需求是希望较多的具备施工能力的诚信投标人来投标,中标签约价格不能超过自己的支付能力且越低越好,合同实施没有风险。通过本书第 3 章、第 4 章和第 5 章的研究可以知道,招投标的竞争规则就是评标办法;经评审的最低投标价法优于综合评估法,但有造成围标的可能,这与被发现的概率 p' 和发现后的惩罚力度 D' 等招投标监督和约束机制有关;也有造成恶意降价的可能,这与投标人对项目风险的评估 D 有关。招投标的内生性约束机制包括参与约束和价格约束,可以防止经评审的最低投标价法下的围标、串标。招投标的风险调节机制包括差额保函的风险态度调节和评标澄清的风险影响调节,可以防止经评审的最低投标价法下的恶意降价。招投标的竞争规则、约束机制、风险调节机制相互联系、相互影响,共同达到招标人的需求。因此,内生性招投标机制的构成要素包括竞争规则、约束机制和风险调节机制等。

招投标机制运行的目的是签订契约。市场经济的本质上是契约经济,契约背后隐含的是市场和市场经济。市场的本质要求公平地自由竞争。竞争的规则就是"优胜劣汰"。但自由和约束相生相伴。市场经济是自由竞争的经济,没有规则约束的市场经济是无序、混乱的经济。对不合格的投标人的约束就是保障了合格投标人的自由,对不诚信的投标人的约束就是保障了诚信投标人的自由。由于工程招投标的期货交易性质,风险和不确定性总是存在的。美国经济学家奈特(Frank H. Knight)认为任何利润都与不确定性有关。因此,调节好风险态度是保证中标人的利润和招标人收益的一个关键环节。

6.3.1.3　内生性招投标机制的基本功能和关系

在内生性招投标机制中,竞争规则是本体。所有投标方按照招标方的要求和规则进行自由竞争,最终招标方与投标方签订施工承包合同。竞争是由企业的性质决定的。罗纳德·科斯(Ronald H. Coase)把企业的性质定义为不同于市场的资源配置机制,认为市场和企业是配置资源的两种可相互替代的手段,都需要交易成本。通过竞争,招投标可以实现资源的有效配置。因此,竞争规则就像汽车的发动机,它是内生性招投标机制的核心。内生性招投标机制的竞争规则的主要作用是选择高效低价的中标人,其基本功能是资源配置功能和价格确定功能。

约束机制是内生性招投标机制的基础。按照道格拉斯·诺斯(Douglass North)的观点,制度是人为制定的约束,用于规范人们之间的相互行为,它们由正式约束和非正式约束及其实施特征构成。可以说,约束的本质就是制度。约束机制可以保证招投标正常运转,当出现违规现象时进行干预。因此,约束机制像汽车的刹车系统,保证内生性招投标机制运转正常。内生性招投标机制的约束机制的主要作用是防止投标人围标,其基本功能是参与约束功能和价格约束功能。

风险调节机制是内生性招投标机制的保障。奈特首次将风险和不确定性进行了区分。本书所称的风险包括风险和不确定性。风险和不确定性产生了信息的不完全和不对称。如果市场存在严重的信息不对称,将导致市场失灵。

但市场的信息不对称是常态,并未导致市场失灵,其原因是市场的信用工具可以帮助修复信息不对称状态,增进市场交易双方的信用。这时,古典经济学中描述的市场机制才能发挥其优胜劣汰的作用。担保和保险就是这样的信用工具。招投标和工程施工期间存在各种风险,风险应该合理分摊并采取适当的措施进行调节,确保风险发生后的有效救济。因此,风险调节机制就像汽车的控制系统,当发生偏离招标方目标的风险时及时进行调节。内生性招投标机制的风险调节机制的主要作用是防止投标人恶意降价,其基本功能是风险态度调整功能和风险影响调节功能。

内生性招投标机制构成要素之间的关系如图 6-1 所示。约束机制和风险调节机制与竞争规则相互作用,它们共同影响招投标的结果和契约成立。

图 6-1　内生性招投标机制构成要素之间的关系

6.3.1.4　内生性招投标机制与外生性招投标机制的关系

内生性招投标机制不是外生性招投标机制的替代,二者相生并存。内生性招投标机制是外生性招投标机制的具体运用,更直接、更有效;内生性招投标机制是外生性招投标机制的补充,当外生性招投标机制出现空白时发挥有效的替补作用。外生性招投标机制是内生性招投标机制的基础,内生性招投标机制需遵循外生性招投标机制的强制性规定;外生性招投标机制是内生性招投标机制的保障,对严重违反内生性招投标机制的行为和现象,最终需借助外生性招投标机制的强制执行力来惩罚。

6.3.1.5　内生性招投标机制与招投标制度实施机制的关系

招投标制度的实施机制是指招投标制度内部各要素之间彼此依存、有机结合和自动调节所形成的内在关联和运行方式。招投标制度的实施机制既可依靠招投标行为内部因素之间的相互作用来实现,也可依靠招投标行为外部因素和内部因素之间的相互作用来实现。因此,招投标制度的实施机制也有内生性和外生性之分。内生性的招投标制度实施机制就是内生性招投标机制。内生性招投标机制与招投标制度实施机制既有区别,又有联系。招投标制度实施机制包括内生性招投标机制,内生性招投标机制属于招投标制度实施机制的一部分。

6.3.2　内生性招投标机制的流程

　　根据本书第3章、第4章和第5章的研究结果和内生性招投标机制的定义,内生性招投标机制的竞争规则就是经评审的最低投标价法,其约束机制包括参与约束和价格约束,其风险调节机制包括差额担保调节和评标澄清后的价格调整。因此,内生性招投标机制以科学的招标规划为实施前提,以经评审的最低投标价法为核心;以严格的资格预审为参与约束,以合适的招标控制价为价格约束,避免围标、串标等不法获利;以差额担保调节风险态度,以澄清和价格调整调节风险影响,避免恶意降价等不当竞争现象的发生。内生性招投标机制的流程见图6-2。

6.3.3　内生性招投标机制的主要措施

6.3.3.1　招标策划

　　在施工项目招标前应进行招标策划,其主要内容是确定分标方案、招标人提供的条件和技术标准等。它可通过施工规划报告来实现。

　　一般情况下,一个项目应作为一个整体进行招标。但是,大型水利水电工程施工项目作为一个整体进行招标,因符合条件的潜在投标人数量太少将大大降低竞争性,这时应当将招标项目划分成若干个标段,分别进行招标。标段的划分应当综合考虑招标项目的专业要求、管理要求、投资影响、工序衔接等因素。分标的原则是:专业相近工作作为一个标段;减少标段之间的协调;适度竞争、避免分包;工序责任清晰。

6.3.3.2　招标邀请

　　招标邀请采取招标公告和投标邀请函并重的方式,以避免围标情况的发生。招标公告按照有关法规的要求在公开媒体公布。同时,招标人采用投标邀请函方式,向业内综合实力最强的10家左右的潜在投标人发出投标邀请,向他们表达了"公开、公平、公正和诚实信用"的诚意,与围标人抢夺优质潜在投标人。

6.3.3.3　资格预审

　　参与人是一个博弈中的重要因素,它是博弈的决策主体,参与人不同则策

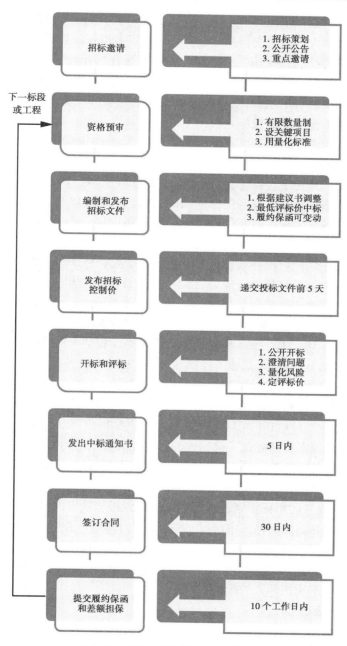

图 6-2　内生性招投标机制的流程

略集将改变。工程招标采购是一种期货交易方式,投标人的经验和能力等资格决定着招标人未来的支付和收益。资格预审可以保障投标人都具有相应的履约能力,是发现围标的第一道关口,直接关系着招标效果。江伟、黄文杰在分析了好的投标人和差的投标人的收益期望后提出:业主在招标时必须对投标人进行严格的资格预审,以完全淘汰或几乎完全淘汰资质不合格以及无法胜任业主对工程要求的投标人。

投标人的多少影响着所有投标人的报价意愿,决定着招投标的竞争程度。招标人可以通过设置资格预审条件来选择不同的竞争程度。资格预审采用有限数量制方式避免恶性竞争,降低评标中的搜寻成本。如通过资格预审的数量较小容易造成挂靠投标和围标的风险,因此建议以 15 个以上为基准,并以资格预审的量化指标超过 80 分为标准,两者取其大。

资格预审的目的是考察潜在投标人的资格、能力和信誉,资格预审的评价标准应与之相匹配。潜在投标人的资格包括法人资格、施工资质和安全许可;潜在投标人的能力包括财务能力、技术能力、管理能力和风险控制能力等;潜在投标人的信誉包括银行信用、商业信誉、奖励情况和不良记录等。资格预审的评价指标除了包括《标准资格预审文件》推荐的内容外,还应包括对本工程的理解和技术建议书。技术建议书主要针对本工程的 3 ~ 4 项关键技术问题,由招标人提出具体要求,如施工导截流方案、地下工程开挖技术、施工工期或其他新技术运用。增加技术建议书的好处如下:一是变一阶段招标成两阶段招标,增进了信息对称;二是可以在招标文件中采纳投标人的合理建议,使招标文件更切合实际(如工期),也使投标人的投标报价建立在技术先进的基础上;三是资格预审文件涵盖了投标人的所有能力方面的因素,减少了评标阶段的工作量;四是通过技术能力评估发现围标的可能,及时采取措施。

6.3.3.4　招标控制价

招标人设置的招标控制价可根据施工规划报告确定的施工方法和有关造价指标确定,并根据资格预审情况,进行适当的降价。招标控制价的作用:一是公开表明招标人的价格取向,避免了暗箱操作、寻租等违法活动的产生;二是降低投标人的投标报价,增加招标人的收益;三是设置了中标价格控制上限,避免围标造成招标人的损失。

6.3.3.5　评标澄清

评标委员会应在初评确定有无废标的基础上,对报价较低进入短名单的投标文件进行认真的评阅。提高评标质量,评标时间是前提,专家素质是关键,澄清疑问是保证。

根据评审发现投标文件可能隐含的风险,评标委员会集体确定 3 家以上风险较大的投标人进行问题澄清。经澄清确有风险的,评标委员会应按照招标文件规定的量化因素和指标进行费用折算,确定评标价。

量化因素的方法主要有:价值工程方法可折算质量标准因素;资金时间价值法可以折算付款条件和工期因素;参考价格法可计算工程漏项问题;其他风险可综合使用以上方法进行转换。

6.3.3.6　差额担保

招投标中引入担保机制后,招标人和投标商之间的博弈由静态博弈变为动态博弈。在招标文件中应规定,中标后承包人除按照《招标投标法实施条例》规定缴纳 10% 的履约保函外,还应按照中标价与第三低价格差额的一定比例缴纳差额保函。差额保函的作用首先是增大恶意降价的投标人的中标成本,形成激励相容的机制,从而调整投标人的风险偏好;其次,一旦中标人不能完成施工任务,可以保障招标人的正常利益。

6.4　内生性招投标机制的优势

内生性招投标机制与外生性招投标机制相比主要具有以下优越性。

6.4.1　资源配置效率高

建立水利水电工程招投标机制首先考虑的是要达到资源配置高效。信息效率是经济机制实现既定社会目标所要求的信息量,反映机制运行的成本,它要求所设计的机制只需要较少的参与者的信息和较低的信息成本。在信息不对称的招投标市场,达到目标就要实现招标人与投标人利益的一致性。招标人的期望效用是用最低的价格,选择最有经验的投标人,实现工程项目质量好、工期短。投标人的期望效用是用较高的价格中标,通过合理的技术措施,在满足质量和工期目标的情况下降低施工成本。因此,招标人和投标人在依靠技术、降低成本、合理利润上可以找到利益和目标的一致。

内生性招投标机制采用经评审的最低投标价法,等同于第一价格密封招标机制。美国经济学家哈里斯和雷维吾 1981 年证明了在满足投标人风险中性、具有独立私人估价信息、报价是估价的函数、投标人是对称的等四个假设条件时,第一价格密封招标机制是最优的,符合帕累托最优标准。从理论上讲,最低投标价法选择的中标人,因资源配置最优而成本最低,因成本最低而报价最低,因报价最低而被选为中标人。而综合评估法只能找到资源配置接近最优的投标人,永远找不到资源配置最优的投标人。

6.4.2 满足参与约束条件

参与约束是机制设计理论的重要概念之一,它要求设计的机制能使较多的投标人愿意参与投标,通过这个机制使能力最强的投标人中标,中标人凭借自己能力完成工程建设任务后能获得合理的收益,这个收益应高于社会平均收益水平。

内生性招投标机制采用有限数量制资格预审,适当降低竞争程度,保护中标人的合理收益,可以满足参与约束的条件。

6.4.3 实现了激励相容

仅在参与性约束条件下,不存在一个有效的分散化的经济机制能够导致帕累托最优配置,并使人们有动力去显示自己的真实信息。要想得到能够产生帕累托最优配置的机制,在很多时候就必须放弃占优均衡假设,不得不考虑激励问题。在给定机制下,市场参与者如实报告自己的私人信息是它的占优策略均衡,那么这个机制就是激励相容的。激励相容是机制设计理论和信息经济学的一个核心概念。

在经评审的最低投标价法下,代理人(招标人)与委托人(投标人)的利益是不一致的,必须建立有效的激励机制。内生性招投标机制,对恶意降价的招标人采取增加履约保函的方式,是以防御方式阻止代理人的消极怠工和机会主义行为。对不诚信的处罚就是对诚信的奖励,该机制促使投标人投标诚信,使不诚信者付出现实的资金代价。

6.4.4 增加了信息对称

在建立契约前后,市场参与者双方所掌握的信息不对称,这种经济关系属于委托－代理关系,是居于信息优势的代理人(招标人)和居于信息劣势的委托人(投标人)之间的关系。构成委托－代理关系的基本条件是面临市场不确定性和风险的两类独立个体,他们掌握的信息处于非对称状态。该关系的特点是利益不对称性、信息不对称性和契约不完备性。

经评审的最低投标价法采用招标策划及咨询加强了处于信息劣势的投标人的信息;招标人通过资格预审和评标澄清进行信息搜寻,显示优秀的潜在投标人信息,有利于招标人进行信息甄别;通过变动的履约保函进行信息反馈,使招标人可在下一个招标程序中通过招标控制价的信息调节器作用控制信息偏差。

6.4.5 符合国际惯例

内生性招投标机制采用了国际通用的最低价中标原则,采用的招标策划及其他反控制措施也都参考国际惯例,这非常适合即将全面开放的中国市场。国际招标中通用的低价中标原则是普遍认可的、有效的资源配置方式,它采用竞争的方式选择有经验、有能力、资源配置效率高的承包人,实现招标人的期望效用。我国政府在1996年向亚太经济合作组织提交的单边行动计划中郑重承诺,中国最迟于2020年开放政府采购市场。不管愿意与否,国际通用的低价中标原则近年必将在中国普遍使用。大型水利水电工程招投标机制应该符合低价中标的原则。

6.4.6 鼓励诚实信用

工程招投标市场现今最大的问题是信用缺失。由于市场竞争过度,投标人为了获取合同采用不正当的竞争手段,招投标市场成为腐败高发领域。依靠外部监督机制治理失信、腐败和寻租的成本非常高昂,只有制度内部的制约机制才是有效手段。

内生性招投标机制参考第二价格密封投标中的诚实信用是最优策略,参照第三低价格调整履约保函的额度建立激励机制,鼓励投标人"说真话"即按照真实估价进行报价;还通过评标中的澄清环节,甄别"说假话"的风险,将"说假话"的成本量化计入评标价,使"说假话"得不到好处。

6.4.7 控制各类风险

内生性招投标机制采用经评审的最低投标价法防止投标人与招标代理、评标专家串标;采用有限数量制资格预审保证投标人的能力实力和信誉,阻止围标人参加投标,避免完全围标;利用招标控制价降低可能出现的围标风险;利用差额担保调整投标人的风险态度,预防恶意降价的发生;利用评标澄清预控技术风险和其他风险,降低恶意降价的危害。

因此,内生性招投标机制是一个无风险机制。

6.4.8 最大限度满足招标人需求

内生性招投标机制采用经评审的最低投标价法作为竞争规则,满足了招标人中标价格低的需求;利用约束机制和风险调节机制,防止了经评审的最低投标价法带来的投标人之间的围标、串标和恶意降价的缺点。同时,内生性招投标机制评标方法简单,评标过程透明,评标效率最高。

因此,内生性招投标机制是一种高效、科学、低风险、利益一致、诚实信用的招投标机制。

6.5 内生性招投标机制在水利水电工程招投标中的应用

6.5.1 大藤峡水利枢纽工程简介

大藤峡水利枢纽是国务院批准的《珠江流域综合利用规划》和《珠江流域防洪规划》确定的流域防洪控制性枢纽工程,是广西水利发展"十二五"规划中流域骨干枢纽工程。2011 年 2 月国家发展和改革委员会正式批复同意了大藤峡水利枢纽项目建议书。现可行性研究报告已通过水利部的审查,初步设计已完成,2015 年开工建设。

大藤峡水利枢纽工程位于珠江流域西江水系黔江河段大藤峡峡谷出口,下距广西桂平市黔江彩虹桥 6.6 km。工程建设目标是以防洪、航运、水资源配置和发电为主,结合灌溉等综合利用。大藤峡水利枢纽工程正常蓄水位 61 m,总库容 34.3 亿 m³,装机容量 1 600 MW,枢纽设置 3 000 t 级船闸。总工期 9 年,估算工程静态总投资 283 亿元,总投资 316 亿元。

枢纽建筑物主要包括挡水建筑物、泄水建筑物、发电建筑物、通航建筑物、过鱼建筑物、灌溉取水建筑物。拦河混凝土重力坝坝顶长 1 224 m,坝顶高程 64.00 m,最大坝高 81.55 m。枢纽主坝泄水建筑物布置在黔江主河床,坝段长度 384.00 m。泄水闸 22 孔,堰底高程 22.0 ~ 36.0 m。河床式厂房安装 8 台机组,单机容量 200 MW。船闸有效尺寸为 280 m × 34 m × 5.8 m(长 × 宽 × 门槛水深),船闸年平均通货能力为 5 080 万 t。

6.5.2 大藤峡水利枢纽工程的特点

(1)大藤峡水利枢纽工程是一个综合性水利枢纽,集防洪、航运、发电为一体。航运工程中的单级 3 000 t 级船闸为亚洲最大,技术含量高、施工工期长;在其建成前的施工临时通航问题非常关键,关系着整个项目的导截流方案和项目整体安排。

(2)大藤峡水利枢纽工程开挖量巨大(4 000 多万 m³),其回采利用特别是直接利用关系着整个项目的投资效果。

（3）大藤峡水利枢纽工程发电厂房两岸布置,给施工布置和工程分标带来较大的困难。施工过程交叉干扰较多。

（4）大藤峡水利枢纽工程的施工工期敏感性较强,提前发电效益巨大,电站部分的土建进度和首台机组投产时间是工期管理的重中之重。

（5）大藤峡水利枢纽工程混凝土量较大（600 多万 m^3）,骨料制备、混凝土拌和及运输能力直接关系着后期的关键路线。

（6）大藤峡水利枢纽工程金属结构量大、埋件多,特别是船闸人字门的单扇重量超出已有纪录。

6.5.3　大藤峡水利枢纽主体工程分标方案

初步设计完成后,委托设计单位在进行招标设计的同时,编制《大藤峡水利枢纽工程施工规划报告》,分析施工条件,拟定分标方案,进行对比分析,组织专家咨询,达到效果最优。

大藤峡水利枢纽工程施工分标遵循以下原则:①专业化施工,有利于资源高效利用;②标段不宜过多,以 4 个左右为宜,增加对有实力施工企业的吸引力;③有利于招标组织,尽早开始对后续工程有影响的项目招标;④有利于项目管理,标段界面清晰,减少施工干扰;⑤考虑导截流方案易于实施。根据以上原则,结合工程的具体情况,制订了大藤峡水利枢纽工程施工分标方案。

6.5.3.1　按部位划分标段

大藤峡水利枢纽工程施工按部位分为四个标段（方案一）:①航运工程标,包括船闸和航道的开挖、混凝土、金属结构和设备安装;②发电工程标,包括发电厂房（左右岸）开挖、混凝土浇筑和二期导截流工程等;③挡水和泄洪工程标,包括混凝土重力坝、泄洪闸、鱼道、副坝的开挖、混凝土浇筑、金属结构安装,以及一期导流工程等;④机电设备安装标,包括发电厂房所有发电、变电、配电和其他机电设备的安装等。

6.5.3.2　按工序划分标段

大藤峡水利枢纽工程施工按工序分为五个标段（方案二）:①开挖工程标,包括左岸的船闸及航道、电站厂房、泄洪闸开挖、副坝的填筑,以及一期导流工程等;②砂石混凝土系统标,包括砂石系统建设、小型混凝土拌和站建设（供前期工程、附属工程混凝土,并作为主体工程施工应急备用）,以及系统运行;③航运工程标,包括船闸和航道的混凝土拌和、运输和浇筑,金属结构和设备安装等;④混凝土工程标,包括右岸发电厂房的开挖,二期导截流工程,发电厂房(左右岸)、混凝土重力坝、泄洪闸、鱼道的混凝土拌和、运输和浇筑,以及金属结构安装等;⑤机电设备安装标,包括发电厂房所有发电、变电、配电和其他机电设备的安装等。

6.5.3.3 分标方案比较

方案一的各标段在平面上界限清晰,有各自的施工范围,可减少施工干扰,但各标段工序繁杂,不利于施工设备和设施的综合利用,二期导截流责任不易分清,且需全部施工图设计完成后才能招标。方案二的各标段在竖向上界限清晰,可通过分步移交施工场地来减少施工干扰,工序相对单一,有利于施工设备和设施的综合利用和降低成本,导截流由一个标段完成,仅需具有开挖施工图就可开始招标和施工。因此,大藤峡水利枢纽工程施工分标推荐采用方案二。

6.5.4 大藤峡水利枢纽工程招标方案

6.5.4.1 招标原则

大藤峡水利枢纽工程施工招标坚持依法依规、公开招标、合理分标、控制风险、降低造价的原则,全面推行和采用本书建议的内生性招投标机制。

6.5.4.2 招标顺序

奥恩和罗斯科普夫对具有多个标的物的招标投标进行了研究,认为投标者是顺序投递不同标的的标书,还是同时递交这些标书,将会给招标投标双方带来不同的期望收益或效用,顺序招标更有利于增加招标人的收益,降低后招标项目的投标报价。

为了缩短建设工期、提前发挥工程效益,根据工程图纸提交顺序的先后,大藤峡水利枢纽工程施工招标分标段顺序开展。招标顺序是:①开挖工程标;②砂石混凝土系统标;③航运工程标;④混凝土工程标;⑤机电设备安装标。该顺序能为后招标项目提供清晰的工期条件。

6.5.4.3 招标方式

大藤峡水利枢纽工程施工招标各标均采用公开招标。评标方法使用经评审的最低投标价法,以达到节约建设投资的目的。这符合本书第3章的研究成果。

6.5.4.4 招标邀请

按照国家有关法规在公开媒体公布招标公告,同时向业内综合实力最强的10家左右的潜在投标人发出了投标邀请函,向他们表达了"公开、公平、公正和诚实信用"的诚意,避免完全围标的风险发生。

6.5.4.5 资格预审

招标采用有限数量制的资格预审,以限制串标情况的发生。通过资格预审的潜在投标人不少于 5 家,最多不超过 15 家,通过标准为综合得分 80 分;当超过 80 分的潜在投标人少于 5 家时,适当放宽通过标准,取得分最高的前 5 家;当超过 80 分的潜在投标人多于 15 家时取得分最高的前 15 家。资格预审评审标准分必备标准、赋分标准和参考标准。必备标准包括法人资格、施工资质和安全许可,不具备任一标准的即不通过。赋分标准包括财务、业绩、获奖情况、信誉情况等赋分指标。参考标准主要指对本工程的理解和技术建议书,各标段视情况确定是否赋分。

6.5.4.6 招标控制价

招标设招标控制价,以引导投标人报价,控制高价中标的风险。招标控制价按预算定额测算后,根据各标段的不同情况适当降低。开挖工程标可降低 10%;航运工程标降低 3%;混凝土工程标降低 5%;机电设备安装标降低 3%~5%。

6.5.4.7 量化因素和标准

各标采用不同的量化因素和标准。开挖工程标相对简单,可不设量化风险标准,或对中间完工日期的偏差进行资金时间价值调整;航运工程标直接关系投产发电,应对质量、付款条件、工期和工程漏项设置量化标准,其中工期的量化标准按延误发电收入的净现值计算;混凝土工程标对投产发电也有影响,可参照航运工程标设置量化标准,其中导截流时间的延误还应预估机电设备安装标的索赔价值;机电设备安装标只对投产发电时间和工程漏项设置量化标准。

以上 6.5.4.4 至 6.5.4.7 项符合本书第 4 章的研究结论。

6.5.4.8 差额担保

大藤峡水利枢纽工程施工招标将设置差额保函,以改变投标人决策参照点,通过激励相容达到调节投标人风险态度,避免恶意降价情况的出现。招标文件将规定差额担保采用银行保函的形式,担保额度为第三低投标报价与中标价的差额。

6.5.4.9 招标的组织

大藤峡水利枢纽工程施工招标严格按照国家法律、法规的规定,规范、科学地组织招标。建设单位建立招投标领导小组,审批招标过程有关事项。施工过程采取公开招标方式,委托具有甲级招标代理资质、信誉好、经验丰富的招标代理机构,认真编制招标文件并组织招标、评标活动。

招标前依法履行招标备案手续,按照规定将招标已具备的条件、招标方式、招标计划安排、投标人资质(资格)条件、评标方法、评标委员会组建方案以及开标、评标的工作具体安排等有关招标内容报送水行政主管部门审核备案。

根据水利部《关于推进水利工程建设项目招标投标进入公共资源交易市场的指导意见》,大藤峡水利枢纽工程的招投标都进入广西壮族自治区公共资源交易中心。按照《中华人民共和国招标投标法》《评标委员会和评标方法暂行规定》(2001 年国家发展计划委员会等七部委令第 12 号)和地方主管部门的要求,从评标专家库中随机抽取评标专家,按照招标文件规定的评标方法和评标标准认真评审投标文件。

切实重视评标过程中的澄清,发现并确认投标文件中隐藏的各种风险,通过量化风险因素调整价格风险。评标过程中的澄清文件作为投标文件的组成部分,在中标后作为合同谈判的依据。中标结果及时公示,按期签订施工承包合同并接收承包人的履约保函和差额保函,为大藤峡水利枢纽工程的顺利实施提供保障。

以上 6.5.4.8 项和 6.5.4.9 项符合本书第 5 章的研究结论。

6.5.5 大藤峡水利枢纽工程招标效果预测

内生性招投标机制是一个新生事物。从原理上讲,内生性招投标机制是适合水利水电工程的最优机制:它采用经评审的最低评标价法,公平、公开、公正,满足招标人的最大需求,且符合国际惯例;同时,它运用内生性制度约束机制和风险调节机制,弥补了经评审的最低评标价法的围标串标和恶意降价方面的不足。从实践上讲,内生性制度约束机制已在龙背湾水电站工程招投标中成功运用,证明了参与约束和价格约束的有效性和实用性。虽然风险调节机制在国内水利水电工程招投标中尚没有成功使用的案例,但在风险性质类似的地铁工程和国际招标工程上已有成功经验。可以预期,大藤峡水利枢纽工程采用内生性招投标机制后,招投标过程更加规范和顺畅,阻止围标情况的发生;招投标结果更加科学,资源配置更加优化,工程造价有效降低;工程实施更加顺利,避免有关的技术和财务风险。

但是,任何新生事物都不可能十全十美。在试行内生性招投标机制的过程中,大藤峡水利枢纽工程的招投标全面实行竞争最优规则、约束机制和风险调节机制,可能会遇到预计不到的新情况,出现新的问题。好在大藤峡水利枢纽工程采用顺序招标的方式,首先招标的土石方开挖工程技术较为简单、风险较少,可以为后续标段的招标提供有益的实践经验。通过大藤峡水利枢纽主体工程各个标段的不断总结和发展,可以预期,内生性招投标机制将不断地完善,优势更加显现,内生性招投标机制将会逐渐地在国内水利水电工程招投标中推行和普及。

6.6　本章小结

本章在总结水利水电工程特征的基础上,借鉴机制设计理论的参与约束和激励相容的理念,研究了内生性招投标机制的机理、流程、主要措施,并分析了内生性招投标机制的优势,提出了在我国水利水电工程招投标中引入内生性招投标机制的建议。本章的主要研究结论如下:

(1)与其他类型的土建工程相比,大型水利水电工程具有其特殊性,主要表现为公益性、差异性、水制约性、巨型性和长期性、风险性。

(2)水利水电工程招投标机制应满足以下条件:①结合水利水电工程的特点;②解决市场配置效率的问题;③考虑招标人利益最大化的需求;④符合投标人参与约束的条件;⑤满足激励相容的条件;⑥适合中国现阶段的实际情况。

(3)现有的招投标机制都是外生性的。外生性招投标机制有以下主要特征:①外部决定性;②稳定性;③低效性;④通用性。

(4)内生性招投标机制是指根据招标人的意愿,受到投标人响应的,通过招投标内部因素间的良性互动实现激励相容的招投标运行方式。内生性招投标机制的构成要素包括竞争规则、约束机制和风险调节机制等。在内生性招投标机制中,竞争规则是本体,竞争规则的主要作用是选择高效低价的中标人,其基本功能是资源配置功能和价格确定功能;约束机制是内生性招投标机制的基础,主要作用是防止投标人围标,其基本功能是参与约束功能和价格约束功能;风险调节机制是内生性招投标机制的保障,主要作用是防止投标人恶意降价,其基本功能是风险态度调整功能和风险影响调节功能。建议在我国水利水电工程招投标中引入内生性招投标机制。

(5)内生性招投标机制的流程是招标邀请、资格预审、编制和发布招标文件、发布投标控制价、开标和评标、发布中标通知书、签订合同、提交履约保函和差额担保。

(6)内生性招投标机制的主要措施是通过招标策划进行工程分标;同时采取招标公告和投标邀请函进行招标邀请;量化资格预审标准,将投标人控制在 15～20 家;根据标段和资格预审情况适当降低招标控制价;注重评标澄清,通过价格调整风险项目;采用差额担保形成激励相容条件。

(7)内生性招投标机制的优越性是:①资源配置效率高;②满足参与约束条件;③实现了激励相容;④增加了信息对称;⑤符合国际惯例;⑥鼓励诚实信用;⑦控制各类风险;⑧最大限度满足招标人需求。通过大藤峡水利枢纽主体工程各标段试行内生性招投标机制,可以预期,内生性招投标机制的优越性将逐渐显现,内生性招投标机制将会逐渐地在国内水利水电工程招投标中推行和普及。

第7章　评标办法的演化博弈模型研究

7.1　制度研究的新方法

7.1.1　演化博弈论介绍

　　本书第3章、第4章和第5章采用经典博弈论分析了招投标机制的有关制度。经典博弈论确立于20世纪40年代,成长于20世纪50年代至60年代,20世纪70年代以后进入快速发展期。经典博弈论作为一种分析手段,在经济学特别是制度经济学的分析中有着广泛的应用。但经典博弈论在经济分析方面存在明显的不足:一是理性经济人假设。经典博弈论对博弈参与人的理性做了严格的规定,要求每个行为人是理性的且该理性是所有参与人的"共同知识",否则,将导致纳什均衡难以实现。而现实中的市场参与者很难满足如此严格的要求。二是注重静态均衡。而现实的经济问题多数是动态持续的,经典博弈论中的动态博弈无法描述出经济行为变迁的过程。三是多个纳什均衡情况下的选择问题。经典博弈论计算的纳什均衡结果常常有多个,无法确定哪一个是博弈的理性均衡结果。

　　演化博弈论又称为进化博弈论,它在很大程度上受生物学演化思想的启发。达尔文的生物进化论以生物的变化性、特征的遗传性和生存的竞争性为基础。在此基础上,"新达尔文主义"建立了遗传学。遗传性研究表明,生物由基因突变产生变异,变异通过基因进行遗传。生物学家还发现,在构成生物的分子中也存在演化现象。生物系统中存在两个机制推动着个体和整体的演化过程,它们是变异机制和选择机制。演化经济学家受此启发,认为经济系统内也存在两个机制:一个是创新机制,通过创新机制形成经济形态多元化;另一个是选择机制,通过选择机制在多元化中进行系统筛选。史密斯(Smith)和普锐斯(Price)1973年的论文中首次提出演化稳定策略(ESS)概念,标志着演化博弈论的诞生。生态学家泰勒(Taylor)和乔恩克(Jonker)1978年在考察生态演化现象时首次提出了复制动态(Replicator Dynamics)的概念,这是演化博弈理论的又一次突破性发展。演化稳定策略和复制动态共同构成了演化博弈理论的核心概念,分别表示演化博弈的稳定状态和向稳定状态的动态收敛过程。

在接受生物演化基本思想的同时,演化经济学也修改补充了新的内容。生物的演化依赖于基因的变化,经济的演化有赖于企业的创新和相互模仿。不像基因内部存在有形的基因复制机制,经济学问题更加复杂,经济现象中的创新是通过企业的模仿、试错和学习,适应性较强的创新被吸收保留并在个体和群体中传播,进而实现自我复制。在演化博弈论的发展过程中,演化经济学家还借鉴了混沌理论、耗散结构理论和非线性动力性等物理学的研究成果,进一步丰富了演化经济学的思想基础和分析方法。因此,从一定角度来说,演化博弈论是演化思想与经典博弈论的结合。

演化博弈论是博弈论的前沿科学,既有经典博弈论的理论优势,又合理地吸收了演化思想,形成了独特的强有力的理论武器。相对于经典博弈论,演化博弈论有两个非常突出的特点:一是结合生物演化思想,采用有限理性的假设,降低了经典博弈论中对参与人理性经济人的要求;二是注重过程分析,重点研究具体的经济形式的变化过程,试图找出经济变迁的动力机制和制约因素,重视"路径依赖"的作用。演化博弈论在经济学的应用只有二十多年的历史,其主要分析框架包括演化稳定均衡(ESS)和随机稳定均衡(SSE)。

7.1.2　演化博弈论在制度研究中的运用

H·培顿·扬(H. Peyton Young)1993 年发表的《惯例的演化》开辟了新的利用演化博弈论研究制度的思路和方法。日本经济学家青木昌彦的研究也延续了这个思路。恩斯特(Zachary Ernst)的博士学位论文《演化博弈论与公平规范的起源》,被认为是利用演化博弈论研究制度起源的范本。这些研究不像经典博弈论将博弈规则视为制度,而制度就成为外生给定;而是将制度作为一种内生于博弈的制度化规则(Institutionalized Rules),或者视为达至某一均衡策略的共有信念,能够指导参与者采用一定的均衡策略,从而降低博弈结果的不确定性,通过选择、变异和复制过程来研究具体制度的生成。

在国内研究中,周业安的《中国制度变迁的演化论解释》借鉴了演化博弈论思想,把中国制度变迁的过程归结为外部规则与内部规则的相互作用、互相影响的过程。崔浩、陈晓剑和张道武用演化博弈论的方法分析了利益相关者在共同治理结构下参与企业所有权配置的问题。胡支军和黄登仕研究了证券组合选择的演化博弈方法。周峰和徐翔运用演化博弈论探讨了农村税费改革问题。刘振彪和陈晓红研究了企业家创新投资决策的问题。杨玉红和陈忠用两个演化博弈模型描述了中介企业之间的竞争与合作关系。范如国和李丹基于演化博弈论研究了招投标中的围标行为和对策。卫益和程书萍研究了考虑创新风险的大型工程招投标问题。可见,国内运用演化博弈论研究招投标问题的较少,研究招投标机制和制度的文献尚未检索到。

7.2　招投标机制变革的演化博弈分析

7.2.1　制度与博弈论

经济学家对于制度的理解不尽相同。凡勃伦(Veblen)认为,制度是社会共同体内普遍形成的惯性思维和行为。诺斯(North)认为,制度是人为制定的约束,用于规范人们之间的相互行为,并用博弈规则比喻为制度。霍奇逊(M Hodgson)认为,制度是一套已确立并深入人心的社会规则和惯例的持久的体系。总之,制度是制约着社会互动行为的规则,让社会行为人获取共同的利益。在社会形态中存在着不同规则,它们以不同的方式制约着人们的互动行为。制度发展的过程就是这些规则成为社会制度的演化进程。制度是一种机制,是一种被人们认可的行为和结果之间的映射,博弈参与者根据他的信念和收益情况,在不同制度和机制之间进行选择。在长时间内,可以理解为博弈参与者采取混合策略。

目前,在制度分析中运用博弈论的方法主要集中在四个方面:一是经典博弈论,将博弈规则视为制度,研究既定博弈规则(或制度)下的博弈结果。该类研究通常将制度视为外生给定来研究和比较不同制度的资源配置效率问题。二是机制设计理论,也是将博弈规则视为制度,但它的研究侧重于为达至博弈结果所需要的有效博弈形式(Game Form)。借助“显示原理”和“执行理论”,在不完全信息条件下通过考虑信息约束(激励兼容和信息成本)来设计出达至某种社会选择目标的有效制度。三是比较制度分析,则将制度作为一种内生于博弈的制度化规则,或者是达至一定均衡策略的共有信念,进而指导参与者采用某一均衡策略来降低博弈的不确定性,以解决参与者之间的策略协调问题。四是演化博弈论,也将制度视为内生于博弈过程的均衡现象,但放松了完全理性的假设,通过选择、变异和复制过程来研究具体制度的生成。

机制本身就是制度,也是博弈规则。赫尔维茨认为,博弈规则可以表述为给定环境下参与人能够选择的行动以及参与人决策组合所对应的物质结果。他将这一对应设定成为“机制”。青木昌彦认为,制度有三种定义:一是把制度定义为博弈的参与者,尤其是组织;二是把制度定义为博弈的规则;三是把制度视为博弈的均衡解,将制度定义为关于博弈重复进行的主要方式的共有理念的自我维持系统。它以自我实施的方式制约着每个参与人的策略性互动。制度可能表现为明确的文化符号形式,如成文法、协议、社会结构和组织等。只有参与人相信、接受某种具体表现形式时,它才能成为制度。

结合赫尔维茨和青木昌彦的定义,可以将招投标机制作为"制度"进行演化博弈分析。招投标机制的竞争规则的核心是评标办法,它也是一种正式制度,是博弈参与人可以选择的行动集。

在分析招投标的竞争规则时,假设博弈参与者具有有限理性(包括惯性、近视眼和试错法),群体内随机匹配、采取不同策略的参与者的比例情况称为策略分布,就可以建立演化博弈模型,计算出博弈参与者采取特定策略时的期望收益。

7.2.2 中国招投标机制的演进过程

通过第 1 章的分析可知,中国的招投标制度和评标办法从 1982 年引进国际通用的 FIDIC 条款开始,经历了招投标试点阶段(1984 年至 1994 年)的邀请招标和最接近标底法、推广阶段(1995 年至 2000 年)的邀请招标与公开招标并存和综合评估法、规范阶段(2000 年至今)的公开招标和综合评估法为主等三个阶段。相应地,招投标制度也存在从规范性文件到规章再到法律的三种正式制度形式。从评标办法的制定过程来看,都属于政府部门的单向强制推动,缺乏招标人和投标人等市场主体的广泛自主参与,没有经历一个多重博弈的过程。这种先天性的"偏好"为制度实施过程的"上有政策、下有对策"埋下了伏笔。下面将通过演化博弈模型的构建,解释招投标竞争规则中的评标办法变迁原因和发展方向。

7.2.3 制度变革的演化博弈分析

复制动态是演化博弈理论的基本动态,能更好地描述出有限理性个体形成的群体的行为变化趋势,博弈结果能够比较准确地预测个体的群体行为。单群体复制动态模型把一个经济环境中所有的种群作为一个群体,把群体中每一个种群假定为一个纯策略。复制动态就是使用某一纯策略的个数所占比例的增长率等于使用该策略时所得支付与群体平均支付之差。

假设招投标中所有的参与者最初面临一个简单的两人对称博弈。在博弈过程中,两个参与者被随机地挑选出来,参与两人对称博弈并重复进行。因此,可以利用复制动态模型开展评标办法的演化博弈分析。复制动态公式可以解释博弈参与者之间的互动方式对制度产生及演化的决定作用,也可以描述初始条件对制度形成的巨大影响。随着博弈过程的不断进行,不同收益的制度被群体采用的比例不断变动。最终,可以判断两种制度演化稳定转换的临界点。

7.2.3.1　初始条件分析

评标办法演化博弈的初始条件是:①博弈参与者是有限理性的经济人,这意味着在博弈开始时博弈参与者不能做出理性判断并选择最有利的战略;②博弈是可重复的,随着博弈参与者对环境的了解、试错、模仿和学习,不断调整和改进策略,使得博弈达到动态稳定状态;③社会资源的分配是均等的,博弈参与者随机配对,可以赞成或反对评标办法的变革。评标办法的变革的成功与否取决于博弈参与者选择同意策略的比例,该比例在演化中不断变化。

7.2.3.2　假设

在新的评标办法制定过程中,不同利益集团的群体成员之间随机展开配对,选择同意或反对两种策略。策略相同的人群形成一个利益集团(称为 A 博弈方),利用他们掌握的资源与选择对立策略的另一利益集团(称为 B 博弈方)进行博弈。由于权利资源的不对称性,在博弈过程中两个利益集团的成本和收益不同。因此,可以建立一个非对称的鹰 – 鸽模型。假设:

(1)当 A、B 博弈双方都采取同意策略时,博弈过程不存在交易成本,双方的支付分别为 $a_A/2$ 和 $a_B/2$,且 $a_A>0, a_B>0$。

(2)当 A、B 博弈双方都采取反对策略时,其交易成本分别是 $c_A/2$ 和 $c_B/2$,且 $c_B>c_A>0$,表明 A 博弈方掌握较多的权利资源并处于优势地位,双方的净收益分别为 $(a_A-c_A)/2$ 和 $(a_B-c_B)/2$。

(3)当 A 博弈方采取反对策略、B 博弈方采取同意策略时,双方的支付分别为 a_A 和 d_B,且 $a_A>d_B>0$,A 博弈方掌握更多的权利资源且处于优势地位,因此获得较多的收益。

(4)当 A 博弈方采取同意策略,B 博弈方采取反对策略时,双方的支付分别为 d_A 和 a_B,且 $a_B>d_A>0$,说明 B 博弈方的反对策略对 A 博弈方有较大的制约作用,A 博弈方应谨慎选择自己的策略。

根据上述的假设,可得出如表 7-1 所示的博弈收益矩阵。

表 7-1　博弈方 A 和 B 的收益矩阵

A 博弈方		B 博弈方	
		同意	反对
	同意	$a_A/2, a_B/2$	d_A, a_B
	反对	a_A, d_B	$(a_A - c_A)/2, (a_B - c_B)/2$

7.2.3.3　建立 A 博弈方的复制动态方程

若 A 博弈方有 x 比例的成员选择同意策略,$(1-x)$ 比例的成员选择反对策略,B 博弈方有 y 比例的成员选择同意策略,$(1-y)$ 比例的成员选择反对策略,则 A 博弈方采取同意和反对策略的收益 u_{A1} 和 u_{A2} 为:

$$u_{A1} = a_A/2 \cdot y + d_A(1-y) \tag{7-1}$$

$$u_{A2} = a_A \cdot y + (1-y)(a_A - c_A)/2 \tag{7-2}$$

A 博弈方的平均期望收益是:

$$\bar{u}_A = x u_{A1} + (1-x) u_{A2}$$
$$= x[a_A/2 \cdot y + d_A(1-y)] + (1-x)[a_A \cdot y + (1-y)(a_A - c_A)/2] \tag{7-3}$$

由此得出 A 博弈方的复制动态方程:

$$F(x) = \mathrm{d}x/\mathrm{d}t = x(u_{A1} - \bar{u}_A) = x(1-x)[(-d_A - c_A/2) + (2d_A + c_A - a_A)/2] \tag{7-4}$$

令 $F(x) = 0$,则 A 博弈方的复制动态方程的稳定状态 x^* 为:

$$x_1 = 0, x_2 = 1, y_0 = (c_A + 2d_A - a_A)/(c_A + 2d_A)$$

根据计算结果可得出图 7-1 所示的稳定状态。

7.2.3.4　A 博弈方的稳定状态分析

如图 7-1 所示,在 A 区域内,A 博弈方有 x 比例选择同意策略的人群落在 $[0, x_0^*]$ 区间,B 博弈方有 y 比例选择同意策略的人群落在 $[y_0^*, 1]$ 区间。经过长期的试错、学习和策略调整,有限理性的利益集团将会收敛于 A 博弈方采取反对策略、B 博弈方采取同意策略,其稳定均衡策略为(反对,同意)。

在 D 区域内,A 博弈方有 x 比例选择同意策略的人群落在 $[x_0^*, 1]$ 区间,B 博弈方有 y 比例选择同意策略的人群落在 $[0, y_0^*]$ 区间,其稳定均衡策略为(同意,反对)。

如果 (x, y) 落在 B 区域和 C 区域内,稳定状态则不确定。但是,如果 A 博弈方的复制动态方程的解不变,则根据 B 博弈方的复制动态方程得出的可能

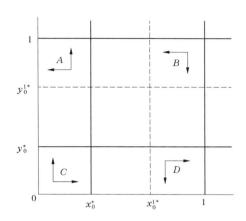

图 7-1　A 博弈方和 B 博弈方的稳定状态(一)

稳定状态是 x_0^{1*},且 $x_0^{1*} > x_0^*$,则当 $x = x_0^{1*}$,$y = y_0^*$ 时,有限理性的利益集团的稳定状态在多数情况下将收敛于$(0,1)$,博弈的稳定均衡策略是(反对,同意)。而如果 B 博弈方的复制动态方程的解不变,则根据 A 博弈方复制动态方程得出的可能稳定状态是 y_0^{1*},且 $y_0^{1*} > y_0^*$,则当 $y = y_0^{1*}$,$x = x_0^*$ 时,其稳定状态在多数情况下将收敛于$(1,0)$,博弈的稳定均衡策略是(同意,反对)。因此,如果不同的利益集团中采取同意策略的人数比例不同,制度就会向采用同意策略人数比例大的利益集团的方向演进。这就说明,在为评标办法制度变革进行谈判时,A 博弈方的谈判力强,将主导制度变革的方向。

由此得出如下结论:某个利益集团占有的社会权利资源较多,则在与对立利益集团进行谈判时处于有利地位;反之,则在评标办法变革中处于从属的不利地位。然而,如果该利益集团能够组织良好,随着集团规模的扩张,利益集团内所有个体的权利资源能够得到有效整合,整个集团的权利资源总量仍会增加,必然会挤占对立集团的权利资源的相对拥有量,从而降低自己利益集团博弈时的成本付出,增加博弈时的谈判力。

7.2.3.5　建立 B 博弈方的复制动态方程

同样,B 博弈方采取同意和反对策略的收益 u_{B1}、u_{B2},平均期望支付水平 $\bar{u}_B$ 及复制动态方程分别为:

$$u_{B1} = a_B/2 \cdot x + d_B(1 - x) \qquad (7\text{-}5)$$

$$u_{B2} = a_B \cdot x + (1 - x)(a_B - c_B)/2 \qquad (7\text{-}6)$$

$$\bar{u}_B = y u_{B1} + (1 - y) u_{B2}$$

$$= y[a_B/2 \cdot x + d_B(1 - x)] +$$

$$(1 - y)\left[a_B \cdot x + (1 - x)(a_B - c_B)/2\right] \tag{7-7}$$

$$F(y) = \frac{\mathrm{d}y}{\mathrm{d}t} = y(u_{\mathrm{B1}} - \bar{u}_{\mathrm{B}}) = y(1 - y)\left[(-d_B - c_B/2) + (2d_B + c_B - a_B)/2\right] \tag{7-8}$$

令 $F(y) = 0$，则可解出 B 博弈方的复制动态方程的稳定状态 y^* 为：

$$y_1 = 0, y_2 = 1, x_0 = (c_B + 2d_B - a_B)/(c_B + 2d_B)$$

根据计算结果可得出如图 7-2 所示的稳定状态。

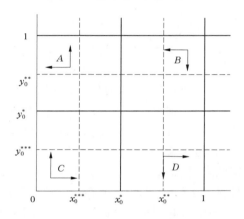

图 7-2　A 博弈方和 B 博弈方的稳定状态(二)

7.2.3.6　B 博弈方的稳定状态分析

如图 7-2 所示，如果 A 博弈方代表的利益集团的权利资源总量相对增加，B 博弈方代表的利益集团的权利资源总量则相对减少，将导致 $x = x_0^*$ 线向右移动到 $x = x_0^{**}$，$y = y_0^*$ 线向下移动到 $y = y_0^{**}$。这样，A 区域的面积增加，而 D 区域的面积减小，从而使均衡状态收敛于 $(0,1)$ 的概率增加，相应的稳定均衡策略为（反对，同意），A 博弈方代表的利益集团的收益会大于 B 博弈方代表的利益集团的收益。在评标方法的变革中，A 博弈方代表的利益集团将在评标方法的变革中起主导作用。

相反，如果 A 博弈方代表的利益集团的内部组织成本过大、权利资源分散，即便该利益集团的规模较大，也会使 A 博弈方代表的利益集团与 B 博弈方代表的利益集团的博弈成本增加，B 博弈方代表的利益集团的成本相对减少。在图 7-2 中，表现为 $x = x_0^*$ 线向左移动到 $x = x_0^{***}$，$y = y_0^*$ 线向上移动至 $y = y_0^{***}$，A 区域的面积减小，D 区域的面积增大，从而使均衡状态收敛于 $(1,0)$ 的概率相应增加，对应的稳定均衡策略为（同意，反对），A 博弈方代表的利益集团的收益将小于 B 博弈方代表的利益集团的收益,B 博弈方代表的利益集团将在评标方法的变革中起主导作用。

7.2.3.7　结论

通过上面的分析可以得出如下结论:随着利益集团规模的改变,利益集团的权利资源也会增减。如果利益集团的规模扩大且组织良好,经整合后其拥有的权利资源相对增加,这将会降低利益集团在制度变革博弈中的谈判成本,增加自己的谈判力。当利益集团的权利资源增加到处于主导地位时,评标办法制度的变革将会朝着该利益集团期待的方向进行演化。

我国的评标办法制度的设计不是在完全理性基础上的一步到位,而是在社会中相关利益集团经过长期、不断的博弈,采用"摸着石头过河"的方式,逐步建立和不断完善起来的。在改革开放之初,中国的招投标制度和评标办法完全按照国际惯例进行,但仅在少数几个世界银行贷款项目上使用。非常遗憾的是,在全国进行招投标试点时,我国政府却选择了偏离市场机制的另一条道路,采用了邀请招标和接近标底评标法。非常万幸的是,在招投标推行阶段和规范阶段,通过不断的试错和学习,经过有关利益集团的不断重复博弈,我国的招投标制度和评标办法正朝着正确的方向演化。

在评标办法变革的过程中,充满着利益集团的各种利益的矛盾和冲突。政府作为评标办法制度变革的推动者,必须在变革的成本和收益之间做出审慎的决策。因此说,我国评标办法的变革是一条政府推动的低成本的道路,但不是一条高效之路。

招投标是一种彻头彻尾的市场行为,招投标最初产生的目的是切实保障招标人的合法利益。如果市场中的招标人利益不能得到有效的保护,那么很快就会没有人肯出钱投资,最终导致市场的萎缩。我国大型基本建设的投资主体大多是国家,或是由国家完全控股的大企业。这样的投资主体自身最关注的是风险,但公众关注它的是公平和廉洁。经评审的最低投标价法兼顾了公平、廉洁和风险,故能被广大招标人接受。

我国一直未能广泛开展最低价中标,阻力主要来自投标人。投标的施工企业多是国有施工企业,曾是投资主管部门或业主的下属企业,其依靠与主管部门千丝万缕的联系不愿失去原来的"保护",因此最低价中标步履维艰。但经过改革开放三十多年在市场中的摸爬滚打,这些施工企业的市场经验增长了,竞争实力增加了,法制观念增进了,风险意识增强了。投标人中的大多数具有"自由竞争、适者生存"的能力。虽然投标人不情愿接受最低价中标,还存在制度路径依赖的现象,但是,由于在招投标中处于被动地位,在国际承诺和国外的压力下,投标人将会接受新的评标办法,实施低价中标的规则是早晚的事。

　　下面,将建立评标办法制度变革中的两个重要集团(招标人集团和投标人集团)之间的演化博弈模型,分析综合评估法和经评审的最低投标价法的演化进程和结果。

7.3　综合评估法与经评审的最低投标价法的演化博弈分析

　　竞争是市场经济优胜劣汰的必由之路。任何一个国家只要推行市场经济,必然要引入竞争机制。我国政府和招标人在评标办法的选取上陷入两难境地,采用符合市场竞争机制的经评审的最低报价法能使招标人的收益最大化,但却担心无序竞争;采用综合评估法能较好地避免无序竞争,却不能实现招标人利益的最大化。现建立演化博弈模型,分析有关问题。

7.3.1　建立模型

　　评标办法演化博弈的初始条件是:①博弈方是有限理性的经济人;②博弈是可重复的;③社会资源的分配是均等的,博弈方随机配对。

　　在评标办法的博弈过程中,招标人和投标人是社会中的不同利益集团,他们的群体成员之间随机配对后进行博弈。假设:①招标人群体与投标人群体之间信息存在不对称;②招标人可以采取综合评估法或经评审的最低投标价法两种策略,而投标人可以采取无序竞争或有序竞争两种策略;③招标人采取综合评估法策略造成的损失远小于采用经评审的最低投标价法的风险期望值;④投标人的无序竞争所造成的损失远大于有序竞争所获得的收益。

　　根据上述假设,考虑招标人与投标人之间的非合作重复博弈,其相应的收益矩阵如表 7-2 所示。其中,S 为招标人采用综合评估法造成的损失;r 为招标人采用经评审的最低投标价法而产生的风险的期望值;R 为投标人通过有序竞争所获得的收益;ΔR 为投标人通过无序竞争所获得的额外收益;K 为投标人无序竞争所承担的风险成本(企业经营风险积累、企业信誉以及市场竞争加剧而造成的损失);L 为市场恶化时,投标人无序竞争而造成的损失(企业破产、倒闭造成的损失);x 为投标人群体中采用"有序竞争"策略的比例,则采用"无序竞争"策略的比例为 $1-x$;y 为招标人群体中采用综合评估法策略的比例,采用经评审的最低投标价法策略的比例为 $1-y$。

表 7-2　博弈方 A 和 B 的收益矩阵

招标人	投标人		
		有序竞争(x)	无序竞争($1-x$)
	综合评估法(y)	$-S,R$	$-r,R+\Delta R-K$
	经评审的最低投标价法($1-y$)	$0,R$	$-r,R+\Delta R-L$

　　招标人和投标人的博弈行为重复进行,投标人可以随机地选择有序竞争和无序竞争两种策略,招标人也可以随机地选择综合评估法和经评审的最低投标价法两种策略。博弈方的策略选择根据对方策略的变化而不断调整。

7.3.1.1　招标人群体收益

　　招标人群体采用综合评估法策略的期望收益为:
$$E_{11} = -Sx - r(1-x)$$
　　招标人群体采用最低投标价法策略的期望收益为:
$$E_{12} = 0 \cdot x - r(1-x)$$
　　招标人群体的平均期望收益为:
$$\overline{E_1} = yE_{11} + (1-y)E_{12} = y[-Sx-r(1-x)] + (1-y)[0 \cdot x - r(1-x)]$$

7.3.1.2　投标人群体收益

　　投标人群体采用有序竞争策略的期望收益为:
$$E_{21} = Ry + R(1-y)$$
　　投标人群体采用无序竞争策略的期望收益为:
$$E_{22} = y(R+\Delta R-K) + (1-y)(R+\Delta R-L)$$
　　投标人群体的平均期望收益为:
$$\overline{E_2} = xE_{21} + (1-x)E_{22} = x[Ry+R(1-y)] + (1-x)[y(R+\Delta R-K) + (1-y)(R+\Delta R-L)]$$

7.3.1.3　建立复制动态方程

　　根据复制动态方程原理,招标人采用综合评估法策略的复制动态方程为:
$$F(y) = \frac{\mathrm{d}y}{\mathrm{d}t} = y(E_{11} - \overline{E_1}) = y(1-y)(t-S-rx) \tag{7-9}$$
　　投标人群体采用有序竞争策略的复制动态方程为:
$$F(y) = \frac{\mathrm{d}x}{\mathrm{d}t} = x(E_{21} - \overline{E_2}) = x(1-x)[L-\Delta R-(L-K)y] \tag{7-10}$$

7.3.2　复制动态方程求解

　　在方程(7-9)中,令 $F(y)=0$ 可得出,当 $y=0,1$ 或 $x=(r-S)/r$ 时,招标

人采用综合评估法策略所占的比例是稳定的。

在方程(7-10)中,令 $F(x) = 0$ 可得出,当 $x = 0,1$ 或 $y = (L - \Delta R)/(L - K)$ 时,投标人采用有序竞争策略所占的比例是稳定的。

7.3.3　演化过程的稳定性分析

根据弗里德曼(Friedman)提出的方法可得到 5 个可能稳定均衡点,分别为 $(0,0)$、$(0,1)$、$(1,0)$、$(1,1)$ 和 $\left(\dfrac{r-S}{r}, \dfrac{L-\Delta R}{L-K}\right)$。其中,$(0,1)$ 和 $(1,0)$ 具有局部稳定性,是演化稳定策略(ESS);$(0,0)$ 和 $(1,1)$ 为该系统的不稳定点;$\left(\dfrac{r-S}{r}, \dfrac{L-\Delta R}{L-K}\right)$ 为鞍点。在市场竞争中,招标人与投标人之间博弈行为的动态演化过程可用图 7-3 所示的动态演化相位图来描述。

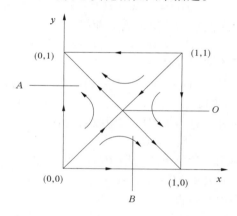

图 7-3　招标人和投标人动态演化相位图

由图 7-3 可见,不稳定点 $(0,0)$、$(1,1)$ 和鞍点 O 将整个区域划分为 A 区域和 B 区域,三点连成的直线是博弈向 $(0,1)$ 和 $(1,0)$ 两个状态演化的分界线。如果最初状态落在 A 区域,系统最大可能会向 $(0,1)$ 收敛,即招标人采用经评审的最低投标价法的策略、投标人采取有序竞争策略。如果最初状态落在 B 区域内,系统最大可能将会向 $(1,0)$ 收敛,即招标人采取综合评估法策略、投标人采取无序竞争的策略。

通过调整鞍点 $O\left(\dfrac{r-S}{r}, \dfrac{L-\Delta R}{L-K}\right)$ 的参数,可以改变 A 区域和 B 区域的面积,从而改变系统向不同稳定点收敛的概率,使系统朝着不同方向演化。

(1)当 ΔR 变大或 L 变小时,O 点 y 坐标将变小,x 坐标不变,区域 A 的面积将变大,区域 B 的面积则变小;反之,当 ΔR 变小或 L 变大时,O 点 y 坐标将变大,x 坐标不变,区域 A 的面积将变小,区域 B 的面积则变大。这就表明,当投标人通过无序竞争获得较高的收益 ΔR 或投标人遭受较小的损失 L 时,投标人在高收益、低损失的吸引下,将会选择无序竞争策略;如果投标人通过无序竞争获得的收益 ΔR 较小或承受很大的损失 L,出于本身利益考虑,投标人将选择有序竞争策略。

(2)当 K 或 L 变大时,O 点的 y 坐标变大,x 坐标不变,使得区域 A 变小,区域 B 变大;反之也成立。这说明,当投标人无序竞争承担较高的风险成本 K 和遭受较大的损失 L 时,为避免市场恶化时遭受较大损失,投标人将选择有序竞争策略;相反,如果投标人无序竞争所承担的风险成本 K 较小,且当市场恶化时遭受的损失 L 比较小时,投标人为提高收益会选择无序竞争的策略。

(3)当 S 变大或 r 变小时,O 点的 y 坐标不变,x 坐标变小,A 区域的面积变小,B 区域的面积变大;反之亦然。这就说明,当招标人采用综合评估法的额外成本 S 较高或招标人采用经评审的最低投标价法的风险损失 r 较小时,招标人会选择经评审的最低投标价法的策略;如果招标人采用综合评估法的成本 S 较小或经评审的最低投标价法造成的损失 r 较大,为避免承担更大损失,招标人将选择综合评估法的策略。

7.3.4　结论

通过对鞍点 $O\left(\dfrac{r-S}{r}, \dfrac{L-\Delta R}{L-K}\right)$ 参数的分析,可以得出如下结论:

(1)如果最初状态落在 A 区域内,系统将会向 $(0,1)$ 收敛,即招标人采用经评审的最低投标价法的策略、投标人采取有序竞争策略的状态。但在现实的招投标情况中,由于投标人通过无序竞争获得较高的收益 ΔR 或投标人遭受较小的损失 L,而无序竞争承担的风险成本 K 较小,且当市场恶化时遭受的损失 L 比较小,招标人采用经评审的最低投标价法造成的损失 r 较大,动态博弈将会收敛于 $(1,0)$,即招标人采用综合评估法的策略、投标人采取无序竞争的策略。

(2)通过对鞍点 O 参数的调整,使区域 A 的面积变大、区域 B 的面积变小,最初状态落在 A 区域内的可能性增大,博弈将会收敛于 $(0,1)$,即向(经评审的最低投标价法,有序竞争)的状态发展。因此,可以采取以下措施促进向经评审的最低投标价法演化:①减小投标人无序竞争获得的收益 ΔR;②增大投标人无序竞争的风险成本 K;③增大投标人在市场恶化时会遭受较大的损

失 L;④减小招标人采用经评审的最低投标价法的风险损失 r。

前两项措施说明约束机制与评标方法即竞争规则有着内在的必然联系。后两项措施说明招投标风险调节机制与竞争规则也有着内在的必然联系。这也证明了竞争机制、约束机制和风险调节机制是"三位一体"的内生性招投标机制。

7.4 评标方法的发展趋势

7.4.1 影响评标方法发展的事件

有三个事件直接影响招投标机制和评标方法的发展趋势。

7.4.1.1 《招标投标法实施条例》的施行

《招标投标法实施条例》于 2012 年 2 月 1 日正式施行,这是继《招标投标法》实施后,我国工程招标领域发展的又一大转折,弥补了招投标法规的缺失。它总结了《招标投标法》实施以来的实践经验,将《招标投标法》的规定进一步具体化,针对招标人规避招标、当事人围标串标等突出问题,界定了 17 种串通投标行为,制订了对违法行为的具体处罚措施,使得《招标投标法》更具可操作性,对于规范和整顿工程招投标市场秩序、维护社会公平正义具有重大意义。因此,落实公平、公正、公开和诚实信用原则是今后一段时期招投标领域的新思路。

7.4.1.2 电子招投标的规定

为了落实《招标投标法实施条例》第五条"国家鼓励利用信息网络进行电子招标投标"的新规定,规范已有的电子招投标网络和平台,打造统一的网络公共资源交易系统。2013 年 2 月 4 日,国家发展改革委、监察部、水利部等七部委联合发布了《电子招标投标办法》,2013 年 5 月 1 日起正式实施。这是招投标运行机制变革的重要举措。

网上招投标就是利用互联网进行招投标,利用网络发布信息、网上报名、下载招标文件、提交投标文件,利用计算机网络软件进行评标、定标。它可以使信息充分公开,提高招投标透明度,降低招投标成本,实现无纸化办公。与传统招投标相比,电子招标投标在提高招投标透明度,节约资源和交易成本,利用技术手段解决弄虚作假、暗箱操作、串通投标、限制排斥潜在投标人等突出问题方面具有独特优势。因此,采用网上招标投标将是今后一段时间的招投标新方式。

7.4.1.3　进入公共资源交易市场的规定

为了落实《招标投标法实施条例》有关规定,按照中央工程建设领域突出问题专项治理工作部署,水利部 2012 年 5 月印发《关于推进水利工程建设项目招标投标进入统一规范的公共资源交易市场的指导意见》,规定:政府投资和使用国有资金、依法必须招标的水利工程建设项目招标投标,自 2012 年 7 月 1 日起逐步进入公共交易市场,其中大中型或总投资 3 000 万元以上的水利工程建设项目招标投标应于 2013 年 1 月 1 日起全部进入公共交易市场,其他水利工程建设项目招标投标应于 2013 年 7 月 1 日起全部进入公共交易市场。

随着《招标投标法》的深入实施,建设市场必将形成政府依法监督,招投标活动当事人依法在公共资源交易市场进行交易活动,中介组织提供全方位服务的市场运行新格局。公共资源交易市场将成为"程序规范,功能齐全,手段多样,质量一流"的服务型的有形招标投标市场,保证招标全过程的公开、公平和公正,确保进场交易各方主体的合法权益得到保护。因此,在公共资源交易市场招标投标将是今后一段时间水利水电工程招投标的新平台。

7.4.2　推行经评审的最低投标价法的条件

我国一直未能广泛开展最低价中标,阻力主要来自投标人。投标的施工企业多是国有施工企业,曾是投资主管部门或业主的下属企业,其依靠与主管部门千丝万缕的联系不愿失去原来的"保护",因此最低价中标步履维艰。但经过改革开放三十多年在市场中的摸爬滚打,这些施工企业市场经验增长了,竞争实力增加了,法制观念增进了,风险意识增强了。这些施工企业中的大多数具有"自由竞争、适者生存"的能力。虽然投标人不情愿接受最低价中标,还存在制度路径依赖的现象,但处于招投标行为的被动地位,在外部条件具备时投标人会接受经评审的最低投标价法。

7.4.2.1　法制环境

我国现已建立了较完善的招投标法律体系。《招标投标法》提出遵循公开、公平、公正和诚实信用的原则。经过多年的努力实施,我国的招投标市场实现了"公开、公平、公正"局面,但在诚实信用方面还存在着一定的问题,工程建设领域围标串标、弄虚作假、插手干预招投标活动问题突出。为此,国务院出台了《招标投标法实施条例》,它是落实中央部署、推动工程建设领域反腐败长效机制建设的一项重要任务,是解决招投标领域突出问题、促进公平竞争、预防和惩治腐败的一项重要举措。

经评审的最低投标价法不仅完全符合公开、公平、公正和诚实信用的原则,而且得到法律、法规、规章和规范性文件的允许。相对应的措施包括公开招标、最低价中标、设置招标控制价、进行资格预审、评标过程的澄清、设置履约保函等。

7.4.2.2 市场环境

经过改革开放三十多年在市场中的锻炼,我国的施工单位市场意识明显加强,市场经验增长了,竞争实力增加了,经济实力也增强了。其中的大多数具有"自由竞争、适者生存"的能力,部分施工企业已跨出国门,与国际承包商采用最低价中标的竞争,并取得了可喜的经营业绩。

招标代理机构和评标专家是招投标活动重要的参与者。这些参与者虽然已习惯了操作灵活的综合评估法,但经评审的最低投标价法并不是多么高深难学的尖端技术,只要建立相应的操作规程并进行宣贯,便能很快掌握经评审的最低投标价法。

公共资源交易市场也是招投标市场的重要组成部分。全国各地已普遍建立了有形建筑市场或公共资源交易中心,为规范招投标行为提供了良好的硬件环境。

7.4.2.3 技术环境

经评审的最低投标价法的关键技术是风险因素量化。我国现有的评标专家库中的专家多为技术专家,他们从投标文件中发现问题、确认风险并不难,主要是在将风险量化为价格方面存在一定的问题。当然,评标委员会中也有部分是经济专家,他们具备价值工程、资金时间价值法和工程造价的专业知识。

为了更好地实行经评审的最低投标价法,建议有关的政府部门或专业协会编制《评标风险量化操作规程》并在招标代理机构和评标专家中广泛宣贯,这将能使经评审的最低投标价法的推广更快。

7.4.3 推行经评审的最低投标价法是大势所趋

经评审的最低投标价法体现了商业化竞争的公平性。价低者中标是200多年来西方招投标历史不变的铁律,也是 Firedman 模型假设的基本条件,是世界银行贷款项目招投标的一贯做法。它既最大限度地体现了招标人的根本利益,也保护了未中标的投标人的权益。特别是招投标交易的方式起源于英国的政府采购,推广于世界银行贷款项目。这证明,经评审的最低评标价法适合公共资源投资项目的招投标。

经评审的最低投标价法的优点众多。它以科学最优的拍卖理论为基础,符合与国际惯例接轨的要求;符合市场经济规律,满足招标人追求利润最大化的期望;评标方法简单易行,提高了评标的效率;评标过程人为因素少,减少了评标专家权力寻租的可能性;符合"公平、公正、公开"原则,所有投标人一律平等;有利于引导施工企业加强内部管理,推动科技进步。它带来的围标和恶意降价等风险也是可控的。

现在的评标方法普遍采用百分制的综合评估法进行评标,但指标的设置和权重的确定带有主观性,不利于投标人采用新技术、新方法提高生产力水平,不利于技术进步;商务标的评分标准从以招标人标底为中心已过渡到复合标底,淡化了招标人标底的作用,标底不再是评标的直接依据,只是作为参考价,但复合标底的方式五花八门,没有科学依据。由于对使用的经评审的最低投标价法缺乏相应的知识和能力,因此本应广泛采用的最低价中标原则受到冷落。

过去,我国政府不鼓励使用经评审的最低投标价法,其根本原因是我国的投资体制、市场机制、价格体制都不完善、不成熟。经过市场经济的不断磨合,这些不适应条件基本消除。我国政府 1996 年向亚太经济合作组织提交的单边行动计划郑重承诺,中国最迟于 2020 年开放政府采购市场,这就要求我国必须与国际惯例接轨,采用国际通用的最低价中标原则。在国际承诺和国外的压力下,实施经评审的最低投标价法是早晚的事,晚实施不如早实施。鉴于我国政府已郑重承诺最迟于 2020 年开放政府采购市场,建议在我国政府采购和国有投资为主项目的招投标中,强制采用经评审的最低报价法,防止投标人的合谋行为。

但是,正如本章分析,由于我国招标人和投标人习惯于采用综合评估法,存在路径依赖的问题,推广使用经评审的最低投标价法还需采取一定的措施。一是要更加重视招投标中内生性机制的作用,提高使用经评审的最低投标价法的相关能力,包括招标策划、资格预审、招标控制价、差额担保、评标澄清等能力。二是要营造推行经评审的最低投标价法的相关环境,包括从重打击围标行为,减小投标人无序竞争获得的收益;提高招投标监督的效率,增大投标人无序竞争的风险成本;按照市场规律办事,实行优胜劣汰,坚决将效率低下的施工企业淘汰出市场;完善保证担保市场,减小招标人的风险损失。

在中国特色社会主义市场经济环境,最低价中标的原则将是大势所趋、不可逆转,使用的范围将会越来越广,我国的招投标市场必将与国际接轨。

7.5　本章小结

　　本章采用国外最新的演化博弈模型分析了制度变革和路径,研究了综合评估法和经评审的最低投标价法在博弈中的演化方向,预测了评标方法的发展趋势。主要研究结论如下:

　　(1)经典博弈论在经济分析方面存在明显的不足:一是理性经济人假设;二是注重静态均衡;三是多个纳什均衡的选择问题。演化博弈论既有博弈论的理论优势,又合理地吸收了演化思想,它有两个非常突出的特点:一是结合生物演化思想,降低了经典博弈论中对参与人理性经济人的要求,采用有限理性的假设;二是注重过程分析,着重研究具体经济形式的变化过程,力图找出经济变迁的动力机制和制约因素,重视路径依赖的作用。

　　(2)从评标办法的制定过程来看,都属于政府部门的单向推动,缺乏招标人和投标人等市场主体的广泛参与,没有经历一个多重博弈的过程。这种先天性的"偏好"为制度实施过程的"上有政策、下有对策"埋下了伏笔。

　　(3)通过制度变革模型的分析得出的结论是,随着利益集团规模的改变,利益集团的权利资源也会增减。如果利益集团的规模扩大且组织良好,其权利资源整合后集团拥有的权利资源相对增加,这将降低利益集团在制度变革博弈中的谈判成本,增加谈判力。当利益集团的权利资源扩大到处于主导地位时,评标办法制度的变革就会朝着其期待的方向演化。

　　(4)通过对评标办法的演化博弈模型分析,得出如下结论:通过对鞍点 O 参数的调整,使区域 A 的面积变大、区域 B 的面积变小,最初状态落在 A 区域内的可能性增大,系统将会向(0,1)收敛,即向(经评审的最低投标价法,有序竞争)的状态发展。因此,可以采取以下措施促进向最低投标价法演化:①减小投标人无序竞争获得的收益 ΔR;②增大投标人无序竞争的风险成本 K;③增大投标人在市场恶化时会遭受较大的损失 L;④减小招标人采用经评审的最低投标价法的风险损失 r。

　　(5)经评审的最低投标价法体现了商业化竞争的公平性,优点众多,在国内推广的条件已基本具备。鉴于我国政府已郑重承诺最迟于 2020 年开放政府采购市场,建议在我国政府采购和国有投资为主项目的招投标中,强制采用经评审的最低报价法,防止投标人的合谋行为。

第 8 章 结论与展望

8.1 主要研究结论

本书针对我国招投标实践中存在的主要问题,利用博弈论和机制设计理论,结合作者多年来从事水利水电工程招标工作的实践经验总结,对我国水利水电工程的招投标机制开展了较为系统的研究。主要研究结论如下:

(1)采用博弈论方法分别分析了经评审的最低投标价法和综合评估法的均衡条件,对比分析了两种方法的优缺点、对合谋的影响和存在的主要风险与问题,并对经评审的最低投标价法和综合评估法提出了相应的若干改进建议。

(2)通过国际招标与国内招标的对比分析,发现影响招投标机制运行效果的主要因素是竞争规则、约束机制和风险调节机制。

(3)经评审的最低投标价法具有符合国际惯例和市场经济规律、方法简单且效率高、减少权力寻租等一系列优点。经评审的最低投标价法虽然杜绝了投标人与评标专家、招标代理和招标工作人员的串标,降低了招标人的部分风险,但仍存在投标人之间串标、围标等合谋的可能性及投标人恶意降价的可能性。

(4)经博弈分析发现,经评审的最低投标价法下围标等现象的发生与被发现的概率及发现后的惩罚力度等招投标约束机制有关。建议今后加大招投标监察力度以增大围标、陪标等合谋现象被发现的概率,同时强化合谋现象发现后的处罚力度,如将组织串标的处罚金额由中标金额的 5‰ ~ 10‰ 提高到 2% 以上,以避免围标、陪标等合谋现象的发生。

(5)针对国内目前广泛采用的综合评估法存在的主要问题,本书建议从招标准备工作、报价评审标准、商务评审赋分比重、定性评审项目赋分标准、合同文件组成等方面对综合评估法进行改进。按本书建议改进后的综合评估法已在西霞院反调节水库工程招标中得到成功应用,验证了本书提出的综合评估法的改进建议的合理性和实用性。

(6)通过招投标约束机制的研究,提出了招投标约束机制的概念和构成,提出了利用内生性制度约束的参与约束和价格约束对经评审的最低投标价法进行改进的建议,从而可有效制约围标和串标等不法行为的发生。

(7)本书提出的利用内生性制度约束的参与约束和价格约束对经评审的最低投标价法进行改进的建议如下:

参与约束可通过在投标资格审查方面采取若干措施来实现:①招标公告和投标邀请函并用,邀请潜在投标人参加资格预审,解除完全围标的风险;②采用定量评审和设置关键评价因素,既评价潜在投标人的综合实力,也重视其对本工程的技术和风险管理能力;③采用有限数量制,实行数量和分数双指标控制;④采用电子邮件发送资格预审结果通知书和招标文件等措施保密资格预审结果,减小资格预审后的合谋机会。

价格约束可通过设置招标控制价来实现:根据招标工程的具体情况和围标的可能性,设置合适的招标控制价,减小完全围标的动因和可能性,同时一旦存在完全围标可将招标人的风险限定在可接受的范围内。

按本书建议改进后的经评审的最低投标价法已在龙背湾水电站工程招标中得到成功应用,验证了本书提出的经评审的最低投标价法的改进建议的合理性和实用性。

(8)在分析工程项目风险及应对措施的基础上,利用博弈论研究了风险态度对投标报价的影响,分析了差额担保和评标澄清在招投标风险调节机制中的作用。为了避免经评审的最低投标价法带来的恶意降价风险等不当竞争现象的发生,建议在招投标过程中充分发挥差额担保环节和评标澄清环节的作用。差额担保是避免经评审的最低投标价法下恶意降价的有效手段,建议取消《招标投标法实施条例》中履约保证金10%的上限规定;提高差额保函的手续费,采用累进制的费率,以更好地发挥差额保函调节投标人风险态度的作用;评标澄清可以调节恶意降价风险的影响。

某城市地铁工程和某大型水利枢纽工程招标在采用经评审的最低投标价法时,引入了本书建议的差额担保环节和评标澄清环节,取得了良好的应用效果,有效地避免了经评审的最低投标价法带来的恶意降价风险等不当竞争现象的发生,验证了本书提出的差额担保环节和评标澄清环节在调节投标人风险态度方面的有效性和实用性。

(9)按照机制设计理论的参与约束和激励相容等概念和思路,利用制度理论等研究工具,提出了内生性招投标机制的概念,分析了内生性招投标机制的构成要素和功能,提出了在我国水利水电工程招投标中引入内生性招投标机制的建议。

(10)利用国外最新的演化博弈模型分析了招投标的制度变革和路径,研究了综合评估法和经评审的最低投标价法在博弈中的演化方向,预测了评标方法的发展趋势。经评审的最低投标价法优点众多,在国内推广应用的条件已基本具备,最低价中标的原则将是大势所趋,经评审的最低投标价法在国内的使用范围将会越来越广,中国的招投标市场必将与国际接轨。鉴于我国政府已郑重承诺最迟于 2020 年开放政府采购市场,建议在我国政府采购和国有投资为主的水利水电工程项目的招投标中,积极推广应用经评审的最低投标价法,防止投标人的合谋行为。

8.2　展　望

本书将经典博弈论和博弈论的前沿技术——演化博弈论用于招投标机制的分析,取得了有说服力的结论。但是,演化博弈模型的建立和均衡的求解采用的是泽尔腾的引入角色限制行为,并考虑了不同的群体平均支付及不同的群体演化速度后,建立的多群体的复制动态方程,它是一种确定性动态模型。而招投标系统的影响因素有其随机性,招投标中的个体常常不断进行试验及新旧更替,对群体行为产生随机影响,仅用确定性复制动态来描述群体行为的变化显然是不够的。

福斯特(Foster)和扬(Young)首次把随机因素纳入演化动态模型,利用维纳过程(Weiner Process)来描述随机因素的影响,提出随机稳定均衡(SSE)的概念,开了随机动态系统研究的先河。随着随机稳定均衡研究的不断深入和成熟,利用随机动态模型研究招投标机制问题将是一个新的挑战。

另外,当前流行的演化博弈论能够在一定程度上解释制度生成问题,但很难解释制度的内生演化问题。演化博弈仅仅研究参与者在既定博弈形式下对均衡策略的学习,并不研究参与者对博弈形式或博弈规则的学习,这意味着参与者永远都不会去改变博弈形式,不会试验新的策略。最近,国外经济学家将尚未成熟的主观博弈理论(Subjective Games)或归纳博弈理论(Inductive Games)引入制度的演化分析,国内学者也开始了相关的介绍和研究。这也将是招投标机制研究的一个新方向。

参考文献

[1] 管雅冬. 走向成熟的拍卖行[J]. 中国市场,2005(47):60-61.

[2] 黄河. 西方政府采购政策的功能定位及其启示[J]. 南京师范大学学报(社会科学版),2006(6):63-67.

[3] 刘英,刘尔烈,李长燕. 土木工程施工合同条件[M]. 北京:中国建筑工业出版社,1997.

[4] 卢谦. 建设工程招标投标与合同管理[M]. 北京:中国水利水电出版社,2005.

[5] 法律出版社法规中心. 中华人民共和国合同法(注释本)[Z]. 北京:法律出版社,2006.

[6] 何建新,唐涛,刘芳. 水利工程建设项目招投标情况分析[J]. 中国工程咨询,2003(11):22-23.

[7] 全国人民代表大会常务委员会. 中华人民共和国招标投标法[Z]. 北京:法律出版社,1999.

[8] 国务院. 中华人民共和国招标投标法实施条例[Z]. 北京:法律出版社,2012.

[9] 徐赟,李相国. 建设项目投标报价决策与风险分析[M]. 北京:中国水利水电出版社,2007.

[10] 斯特门德. 国际经济知识:招标与承包[M]. 上海:上海社会科学院出版社,1988.

[11] Emblen D. Competitive Bidding for Corporate Securities[D]. Columbia University,1944.

[12] Friedman L A. Competitive-bidding Strategy[J]. Operations Research,1956,4(1):104-112.

[13] Gates M. Bidding Strategies and Probabilities[J]. Journal of Construction Division. ASCE,1967,93(3):75-107.

[14] Hurwicz L. Optimality and Information Efficiency in Resource Allocation Processes[M]. In:Arrow,Larlin,and Suppes(eds.):Mathematical Methods in the Social Sciences. Stanford,CA: Stanford University Press,1960.

[15] Hurwiez L. On Informationally Decentralized Systems[C] // Radner, McGuire. Decision and Organization. North-Holland, Amsterdam, 1972.

[16] E. Maskin. Nash Equilibrium and Welfare Optimality[J]. Review of Economic Studies,1999(66): 23-38.

[17] R. Myerson. Multistage Games with Communication[J]. Econometrica,1986(54): 323-358.

[18] Laffont J J,Martimort D. Mechanism Design under Collusion and Correlation[J]. Econometrica, 2000,68(2):309-342.

[19] Che Y K, Kim J. Robustly Collusion Proof Impementation[J]. Econometrica, 2006, 74 (4): 1063-1107.

[20] Povlov G. Auction Design in the Presence of Collusion[J]. Theoretical Economica, 2008 (3): 383-492.

[21] William Vickrey. Counter Speculation Auctions and Competitive Sealed Tenders[J]. Journal of Finance, 1961(16): 141-144.

[22] Wolfstetter E. Third and Higher-price Auctions [M]. In: Berninghaus S, Braulke M (eds.). Essays in Homor of Jurgen Ramser, Spring-Verlag, 2001.

[23] Tauman Y. A Note on k-price Auctions with Complete Information, Working paper, Facuity of Management, Tel-Aviv University, to appear in Games and Economics Behavior, 2001.

[24] Lee T K. Resource Information Policy and Federal Resource[J]. Bell J. Economic, 1982, 13(2): 152-161.

[25] Richard Engelbrecht – Wiggans. The Effect of Regret on Optimal Bidding in Auctions[J]. Management Sciences, 1989, 35(6): 685-692.

[26] Robinson M S. Collusion and the Choice of Auctions[J]. RAND Journal of Economics, 1985, 16(1): 141-145.

[27] Graham D A, Marshall R C. Collusive Bidder Behavior at Single-object Second Price and English Auctions[J]. Journal of Political Econamy, 1987, 95(6): 1217-1239.

[28] McAfee R P, Mcmillan J. Bidding Rings[J]. The American Economic Review, 1992, 82 (3): 579-599.

[29] Marshall R C, Muerer M J. Bidder Collusion and Antitrust Law: Refining the Analysis of Price Fixing to Account for the Special Features of Auctions Market[J]. Anritrust Law Journal, 2004(95): 83-118.

[30] Che Y K, Kim J. Optimal Collusion-Proof Auctions [J]. Journal of Economic Theory, 2009, 144(2): 565-603.

[31] David E, et al. Bidding in Sealed-bid and English Multi-attribute Auctions[J]. Decision Support Systems, 2006, 42(2): 527-556.

[32] Beil D R, Wein L M. An Inverse-optimization-based Auction Mechanism to Support a Multiattribute RFQ Process[J]. Management Science, 2003, 49(11): 1529-1545.

[33] Che Y K. Design Competition Through Multidimensional Auctions[J]. RAND Journal of Economics, 1993, 24(4): 668-680.

[34] Branco F. The Design of Multidimensional Auctions[J]. RAND Journal of Economics, 1997, 28(1): 63-81.

[35] Bellosta M J, et al. A Multi-criteria Model for Electronic Auctions. ACM Symposium on Applied Computing, 2004: 759-765.

[36] De Smet Y. Multi-criteria Auctions Without Full Comparability of Bids[J]. European Journal of Operational Research, 2007, 177(33): 1433-1452.

[37] Bichler M. An Experimental Analysis of Multi-attribute Auction[J]. Decision Support Systems, 2000, (29): 249-268.

[38] 程富恩. 新制度主义行为经济学[M]. 北京: 科技出版社, 2004.

[39] 卢现祥. 西方新制度经济学[M]. 北京: 中国发展出版社, 2003.

[40] 蔡守秋. 新环境资源法学理论的框架[J]. 福州大学学报, 2003(4): 5-15.

[41] 徐光耀. 欧共体竞争法的实施机制及对我国的启示[J]. 湘潭大学学报(哲学社会科学版), 2006(1): 51-58.

[42] 余杭. 社会主义的招标与投标[M]. 武汉: 武汉大学出版社, 1984.

[43] 陈川生. 招标投标法——民商法领域中的一部特别法[J]. 中国招标, 2005(Z1): 61-62.

[44] 宋宗宇. 建筑工程招投标的法律约束力[J]. 现代法学, 2000(2): 104-107.

[45] 冯毅. 论建筑工程招投标合同中的缔约违约责任[C]//跨越发展: 七省市第十届建筑市场与招投标优秀论文集. 天津: 天津科技翻译出版公司, 2010.

[46] 赵青松. 招投标机制设计及应用研究[D]. 长沙: 国防科学技术大学, 2001.

[47] 秦旋, 何伯森. 招投标机制的本质及最低价中标法的理论分析[J]. 中国港湾建设, 2006(6): 61-64.

[48] 梁世亮. 我国招投标机制探究[J]. 经济与管理, 2007(4): 48-49.

[49] 罗伟, 王孟钧. 机制设计理论与中国建筑市场[J]. 统计与决策, 2008(7): 78-81.

[50] 刘建兵, 任宏. 工程项目招投标最优机制研究[J]. 中国集体经济, 2008(7): 80-81.

[51] 徐雯, 杨和礼. 基于博弈论的建设工程投标报价研究[J]. 基建优化, 2005, 26(5): 36-38, 41.

[52] 潘迎春. 建筑施工企业投标报价策略研究[J]. 电力勘测设计, 2010(1): 81-84.

[53] 汪刚毅. 基于决策树和灰色–马尔柯夫模型的投标策略分析[J]. 现代财经(天津财经大学学报), 2010(11): 65-68.

[54] 郑亦, 郑志贵, 房林贤. 合理低价中标在建筑工程中的应用探讨[J]. 价值工程, 2013(27): 95-96.

[55] 胡平. 基于工程量清单计价模式下投标报价策略模型分析[J]. 中外建筑, 2013(6): 108-109.

[56] 郭清娥, 王雪青. 基于交叉评价和模糊理论的工程项目投标决策方法研究[J]. 运筹与管理, 2012(6): 104-108.

[57] 王博, 顿新春, 李智勇. 基于BP神经网络的水利工程投标决策模型及应用[J]. 水电能源科学, 2013(3): 137-140.

[58] 杨九声, 赵孝盛. 国际招标投标指南——世界银行贷款项目采购手册[M]. 北京: 中国财经出版社, 1999.

［59］ 中华人民共和国水利部. 水利水电工程标准施工招标资格预审文件［Z］. 北京:中国水利水电出版社,2010.

［60］ 中华人民共和国水利部. 水利水电工程标准施工招标文件［Z］. 北京:中国水利水电出版社,2010.

［61］ 胡适耕. 微观经济的数理分析［M］. 武汉:华中科技大学出版社,2003.

［62］ 秦旋. 建筑市场行为主体最优策略研究［M］. 北京:科学出版社,2008.

［63］ 吴岚. 风险理论［M］. 北京:北京大学出版社,2012.

［64］ Selten R. Spieltheoretische Behandlung Eines Oligopol Modells Mit Nashfragetragheit［J］. Zeitschrift Fur Die Gesamte Staatswissenschaft,1965(121): 301-324,667-689.

［65］ 范如国. 博弈论［M］. 武汉:武汉大学出版社,2011.

［66］ R. Selten. A Note on Evolutionarily Stable Stratifies in Asymmetric Animal Conflicts［J］. Theoret. Biol,1980(84):93-101.

［67］ D. Foster ,P. Young. Stochastic Evolutionary Game Dynamics［J］. The Oretical Population Biology, 1990(38):219-232.

［68］ D. Fudenberg, C. Harris. Evolutionary Dynamics with Aggregate Shocks［J］. Journal of Economic Theory,1992(57):420-441.

［69］ M. Kandori, G. Mailath, R. Rob. Learning, Mutation, and Long-run Equilibria in Games［J］. Econometrica, 1993(61):29-56.

［70］ J. Bergin,L. Barton. Evolution With State-Dependent Mutations［J］. Econometrica,1996(64): 943-956.

［71］ 杨颖梅. 第 k(k≥1)级价格密封招标博弈分析［D］. 北京:首都经济贸易大学,2007.

［72］ Tirole, Hierarchies, Bureaucracies. On the Role of Collusion in Organizations［J］. Journal of Law Economics and Organization,1986,2(3):181-214.

［73］ Kwasnica, Anthony M, Katerina Sherstyuk. Collusion via Signaling in Multi-Unit Auctions with Complementarities: An Experimental Test. Working Paper Pennsylvania State University,2002.

［74］ 贝尔纳·夏旺斯. 制度经济学［M］. 广州:暨南大学出版社,2013.

［75］ 道格拉斯·诺斯. 制度、制度变迁和经济绩效［M］. 上海:上海三联书店,1994.

［76］ 李桥玲. 工程建设领域职务违法犯罪"潜规则"问题探析［J］. 法制与社会,2012(6): 77-78.

［77］ 温向阳,马科娜. 工程招投标中陪标、围标等行为的有效控制［J］. 技术与市场,2012, 19(6):323-324.

［78］ 黄津孚. 论机遇与风险的关系［J］. 福建论坛(人文社会科学版),2004(6):19-23.

［79］ 李中斌. 风险管理解读［M］. 北京:石油工业出版社,2000.

［80］ 弗兰克·H·奈特. 风险、不确定性和利润［M］. 北京:商务印书馆,2012.

［81］ 威廉姆斯. 风险管理与保险［M］.8 版. 北京:经济科学出版社,2000.

[82] C. A·克布,约翰·W·贺尔.意外伤害保险[M].北京:中国商业出版社,2003.

[83] 普雷切特.风险管理与保险[M].7版.北京:中国社会科学出版社,1998.

[84] 道弗曼.当代风险管理与保险教程[M].7版.北京:清华大学出版社,2002.

[85] 哈林顿,尼豪斯.风险管理与保险[M].北京:清华大学出版社,2005.

[86] 特里斯曼,古斯特夫森,霍伊特.风险管理与保险[M].11版.大连:东北财经大学出版社,2002.

[87] Project Management Institute.项目管理知识体系指南[M].3版.北京:电子工业出版社,2004.

[88] 王卓甫.工程项目风险管理——理论、方法与应用[M].北京:中国水利水电出版社,2003.

[89] 卢有杰,卢家仪.项目风险管理[M].北京:清华大学出版社,1998.

[90] 朱宗乾,等.ERP项目实施中风险分担影响因素的实证研究[J].工业工程与管理,2010,15(2):98-102.

[91] Cox J C,Smith V L,Walker J M. Theory and Individual Behavior in First-price Auction[J]. Journal of Risk and Uncertainty,1992,12(82):61-69.

[92] 陈德艳.建设工程招投标中引入风险态度的招投标策略分析[J].科学技术与工程,2011,11(12):2747-2751.

[93] 杨颖梅.密封招投标均衡报价博弈分析[J].价格月刊,2010(2):20-23.

[94] 潘魏灵.经营者风险偏好的影响因素分析[J].现代管理科学,2013(2):106-108.

[95] Kahneman D,Tversky A. Propect Theory:An Analysis of Dicision Making Under Risk[J]. Econometrica, 1979(47):313-327.

[96] 邓晓梅,田芊.国际工程保证担保制度特征的研究[J].清华大学学报(哲学社会科学版),2003,18(2):66-77.

[97] 邓晓梅,王春阳.工程履约担保制度在公共工程中的试行效果及前景分析[J].建筑经济,2006(5):20-23.

[98] 刘嫱,段文生.FIDIC条款的运行体系[J].建设监理,2001(6):63-64.

[99] 陈加州,凌文辁,方俐洛.心理契约的内容、维度和类型[J].心理科学进展,2003,11(4):437-445.

[100] Ronald Harry Coase. The Nature of the firm[M]. Oxford:Oxford University Press,1937.

[101] 邓晓梅.中国工程保证担保制度研究[M].北京:中国建筑工业出版社,2012.

[102] 张维迎.博弈论与信息经济学[M].上海:上海三联书店,1996.

[103] H. Peyton Young. The Evolution of Conventions[J]. Econometrica,1993,61(1):57-84.

[104] 青木昌彦.比较制度分析[M].上海:上海远东出版社,2001.

[105] Zachary Ernst. Evolutionary Game Theory and the Origins of Fairness Norms[D]. a UMI thesis(No. 3072849),2002.

[106] 周业安.中国制度变迁的演化论解释[J].经济研究,2000(5):3-11.

［107］ 崔浩,陈晓剑,张道武.共同治理结构下企业所有权配置的进化博弈分析[J].运筹与管理,2004,13(6):61-65.

［108］ 胡支军,黄登仕.证券组合投资分析的进化博弈方法[J].系统工程,2004,22(7):44-49.

［109］ 周峰,徐翔.农村税费改革:基于双层次互动进化博弈模型的分析[J].2005,5(1):24-28.

［110］ 刘振彪,陈晓红.企业家创新投资决策的进化博弈分析[J].管理工程学报,2005,19(1):56-59.

［111］ 杨玉红,陈忠.中介企业协同竞争的演化均衡分析[J].系统工程理论方法应用,2006,15(1):26-31.

［112］ 范如国,李丹.基于演化博弈的工程投标中的围标行为及对策分析[J].价值工程,2011(1):64-66.

［113］ 卫益,程书萍.考虑创新风险的大型工程招投标演化博弈分析[J].江苏科技信息,2011(11):35-37.

［114］ Friedman D. Evolutionary Games in Economics[J]. Econometrica,1991,59(3):637-666.

［115］ 黄凯南.主观博弈论与制度内生演化[J].经济研究,2010(4):134-146.

［116］ 陈雯.我国工程招投标串标行为[J].煤炭技术,2010(2):13-15.

［117］ 孙亚辉,冯玉强.多属性密封拍卖模型及最优投标策略[J].系统工程理论与实践,2010(7):85-95.

［118］ 何红锋.招投标法研究[M].天津:南开大学出版社,2004.

［119］ 刘颖.工程招投标报价分析[D].天津:天津大学,2010.

［120］ 许高峰.国际招投标理论实务[M].北京:人民交通出版社,1999.

［121］ 张莹.招标与投标理论与实务[M].北京:中国物资出版社,2003.

［122］ 蒲永健.简明博弈论教程[M].北京:中国人民大学出版社,2013.

［123］ 陈禹,王明明.信息经济学教程[M].北京:清华大学出版社,2011.

［124］ 刘晓君,席酉民.拍卖理论与实务[M].北京:机械工业出版社,2000.

［125］ 涂志勇.博弈论[M].北京:北京大学出版社,2009.

［126］ Gintis H. Game Theory Evolving[M]. Princeton:Princeton University Press,2000.

［127］ 黄如君.机制设计与发展创新[M].北京:商务印书馆,2011.